输电线路与自然和谐共存

涉鸟故障防治
工作手册

国网内蒙古东部电力有限公司　编

中国电力出版社
CHINA ELECTRIC POWER PRESS

内 容 提 要

伴随着电力系统快速发展与自然生态持续向好，大量鸟类经常在输电线路杆塔、导线上栖息、逗留，活动，给输电线路运行带来不同程度危害，随着国内大量的鸟类研究深入开展，输电线路涉鸟故障防治技术也不断完善，既实现了输电线路涉鸟故障有效防治，又保障了鸟类的生存环境不被破坏。本书总结了常见鸟的种类和不同涉鸟故障类别，同时详细介绍了涉鸟故障的防治措施。

本书共分为八章，主要内容包括涉鸟故障发展趋势、分布规律、预防措施、隐患排查、治理措施以及紧凑型线路涉鸟故障防治措施。

本书可供从电力工程科研、设计、施工、运维、管理等方面的技术人员学习使用，也可供高等院校相关专业师生参考。

图书在版编目（CIP）数据

输电线路与自然和谐共存. 涉鸟故障防治工作手册 / 国网内蒙古东部电力有限公司编. —北京：中国电力出版社，2022.4
ISBN 978-7-5198-6424-8

Ⅰ. ①输…　Ⅱ. ①国…　Ⅲ. ①输电线路–鸟害–线路保护–手册　Ⅳ. ①TM726-62

中国版本图书馆 CIP 数据核字（2022）第 015686 号

出版发行：中国电力出版社
地　　址：北京市东城区北京站西街 19 号（邮政编码 100005）
网　　址：http://www.cepp.sgcc.com.cn
责任编辑：雍志娟
责任校对：黄　蓓　郝军燕
装帧设计：郝晓燕
责任印制：石　雷

印　　刷：三河市万龙印装有限公司
版　　次：2022 年 4 月第一版
印　　次：2022 年 4 月北京第一次印刷
开　　本：710 毫米×1000 毫米　16 开本
印　　张：7
字　　数：84 千字
印　　数：0001—1500 册
定　　价：98.00 元

编 委 会

前　言

　　"绿水青山就是金山银山"作为我国未来 30 年可持续发展战略，不断地被深化，人与自然和谐相处的理念已深入人心。"十三五"期间，我国深入践行习近平生态文明思想，坚持生态优先、保护优先，生态环境得到恢复，野生动物资源得到保护，野生动物的生存栖息自然环境得到优化，野生动物种群数量明显增多，鸟类繁殖速度与日俱增。伴随着电力系统快速发展与自然生态持续向好，大量鸟类经常在输电线路杆塔、导线上栖息、逗留，活动期间给输电线路运行带来不同程度危害，据不完全统计，近五年我国 110kV 及以上输电线路涉鸟故障占全部故障的 12.45%，是输电线路故障的主要形式。

　　随着国内大量的鸟类研究深入开展，输电线路涉鸟故障防治技术不断完善，既实现了输电线路涉鸟故障有效防治，又保障了鸟类的生存环境不被破坏。本书以蒙东辖区为例（本书特指通辽、赤峰、呼伦贝尔、兴安盟、锡林郭勒盟、鄂尔多斯地区），详细研究了地域、地理、气候特点，整理分析了历年涉鸟故障数据，总结出蒙东辖区常见鸟的种类和不同涉鸟故障类别，详细介绍了涉鸟故障的防治措施，本书以点带面，对我国整体鸟致输电线路故障种类、机理以及输电线路涉鸟故障的防治深入解读，并运用于实践。

本书主要内容包括涉鸟故障发展趋势、分布规律、预防措施、隐患排查及治理措施，收集了大量素材及案例，配有各类示例照片，直观生动地对内容进行解读。本书是输电线路涉鸟故障防治的专业指导用书，也是电力企业员工技术技能培训用书。

　　本书在编写过程中得到各单位的大力支持，书中大量照片凝聚了现场运维人员的辛劳汗水，借此对支持本书出版的同志表示感谢！

　　由于编者水平有限，书中难免有不足之处，望读者能及时提出宝贵意见，以便修改完善。

编　者

2022 年 2 月

目 录

第一章 概 述

第一节　涉鸟故障定义

当鸟类在输电线路上进行排便、筑巢、飞行、休憩等活动时（见图 1-1），引起输电设备损坏或造成线路跳闸、故障停运，称之为涉鸟故障。

鸟在杆塔上活动

鸟粪污染绝缘子

图 1-1　鸟类对输电线路的影响

第二节　涉鸟故障分类及主要鸟种

一般情况下，涉鸟故障分为鸟粪类故障、鸟巢类故障、鸟体短接故障和鸟啄类故障。

1. 鸟粪类故障及主要鸟种

鸟粪类故障主要分为鸟类粪便短接带电体与地电位空气间隙和鸟粪污

染绝缘子表面导致沿面闪络两种形式。一般为体型较大或习惯集群活动的鸟类引起。

鸟粪短接带电体与地电位空气间隙的鸟类一般在空中或杆塔高处排便，一次性排便量大，鸟便较稀且黏性较大，以鹳类、雁鸭类、猛禽类等体型大、食肉（鱼）的鸟类为主，主要鸟种有黑鹳、雀鹰、红隼、猎隼等。

鸟粪污染绝缘子表面导致沿面闪络的鸟种较多，以鹳形目中的鹳科，隼形目，鸮形目，雀形目的鸦科、伯劳科、卷尾科鸟类为主，主要鸟种有喜鹊、乌鸦、猎隼、红隼、黑鹳、雀鹰等。

2. 鸟巢类故障及主要鸟种

鸟巢故障主要与树栖鸟类繁育期在输电线路塔身上部筑巢有关。在筑巢期间，鸟类经常会叼衔树枝、柴草、铁丝等杂物，不停地在输电线上空或导线之间穿行，柴草或铁丝等掉落在横担绝缘子与导线附近造成闪络故障。而且大风阴雨天气时，鸟巢材料被风吹落在横担绝缘子附近也会造成闪络跳闸故障。造成鸟巢类故障的鸟类一般为鹳形目、隼形目、雀形目鸟类，主要鸟种有黑鹳、红隼、喜鹊、乌鸦等。

3. 鸟体短接类故障及主要鸟种

鸟体短接类故障主要是体型较大的鸟类如鹭类、鹤类，其翼展较大，在输电线路导线和塔间飞行时展开的鸟体会使相间或相对地的有效绝缘距离降低，从而发生相间空气击穿或单相接地故障。一般发生在导线间和塔头空气间隙较小部位，主要鸟种有东方白鹳、黑鹳、大白鹭、苍鹭、大鸨（bao）、黑颈鹤、斑头雁、大鵟（kuang）、普通鵟等。

4. 鸟啄类故障及主要鸟种

鸟啄类故障是指鸟类啄损绝缘子护套或伞裙，致使绝缘子芯棒长期暴露在空气中，绝缘强度降低，情况严重的还会导致绝缘子断裂甚至导线掉线。啄损绝缘子的鸟类主要有喜鹊、大嘴乌鸦，疑似鸟种有灰喜鹊、秃鼻乌鸦、珠颈斑鸠、黑卷尾、灰椋鸟等。

涉鸟故障主要鸟类区系及故障类型见表 1-1。

表 1-1　　　　　　　　涉鸟故障主要鸟类区系及故障类型

科属	种名	体型	保护级别	生境类型	故障类型	分部区域
一、鹳形目						
1. 鹳科	黑鹳	大	I	湿	粪、巢、接	呼伦贝尔、通辽、赤峰、兴安
	东方白鹳	大	I	湿	粪、巢、接	呼伦贝尔、兴安、赤峰
2. 鹭科	夜鹭	大	II	湿	粪、巢	呼伦贝尔、赤峰、兴安、锡林郭勒
	苍鹭	大	II	湿	粪、巢、接	呼伦贝尔、赤峰、兴安、通辽、锡林郭勒
	白鹭	大	II	湿	粪、巢、接	呼伦贝尔、赤峰、兴安、锡林郭勒
二、隼形目						
3. 鹰科	雀鹰	小	II	山、湿、田	粪、啄	呼伦贝尔、赤峰、兴安、通辽、锡林郭勒
	大鵟	大	II	山、湿、田	粪、接	呼伦贝尔、赤峰、兴安、通辽、锡林郭勒
	普通鵟	大	II	山	粪、接	呼伦贝尔、赤峰、兴安、通辽、锡林郭勒
4. 隼科	红隼	小	II	山、湿、田	粪	呼伦贝尔、赤峰、兴安、通辽、锡林郭勒
	猎隼	大	II	山、湿	粪、接	呼伦贝尔、赤峰、兴安、通辽、锡林郭勒

科属	种名	体型	保护级别	生境类型	故障类型	分部区域
5. 鹗科	鹗	大	Ⅱ	湿	粪、接	呼伦贝尔、赤峰
三、雀形目						
6. 鸦科	喜鹊	小		山、湿、田	粪、巢、啄	呼伦贝尔、赤峰、通辽、兴安
	乌鸦	小		山、湿、田	粪、巢、啄	呼伦贝尔、赤峰、通辽、兴安
四、雁形目						
7. 鸭科	灰雁	大	Ⅱ	湿	粪、接	呼伦贝尔、赤峰、兴安、通辽、锡林郭勒
	豆雁	大	Ⅱ	湿、田	粪、接	呼伦贝尔、赤峰、兴安、锡林郭勒
	斑头雁	大	Ⅰ	湿、田	粪、接	呼伦贝尔、赤峰、锡林郭勒
五、鹈形目						
8. 鸬鹚科	鸬鹚	大		湿	粪、接	呼伦贝尔、赤峰、兴安、锡林郭勒
六、鸡形目						
9. 鸨科	大鸨	大	Ⅰ	草原	接	呼伦贝尔、赤峰、兴安、通辽、锡林郭勒

第三节　涉鸟故障主要鸟种习性及图鉴

1. 喜鹊

雀形目、鸦科、鹊属，其图鉴见图1-2。

形态特征：体略小（45cm）的鹊。具黑色的长尾，两翼及尾黑色并具蓝色辉光。虹膜褐色，嘴黑色，脚黑色，叫声：响亮粗哑的嘎嘎声。

图 1-2 喜鹊

分布状况：呼伦贝尔、赤峰、通辽、兴安。

生活习性：适应能力强，喜欢集结成群在杆塔上活动，一般 04:00～08:00，20:00～次日 02:00 活动时容易造成鸟粪故障。鸟巢由树枝杂物搭建，长年不变，能够引起鸟巢故障；食性较杂，食物组成随季节和环境而变化，夏季主要以昆虫等动物性食物为食，其他季节则主要以植物果实和种子为食。常见食物种类有蝗虫、蚱蜢、金龟子、甲虫、蚂蚁、蝇、蛇等昆虫，此外也吃雏鸟和鸟卵。植物性食物主要为乔木和灌木等植物的果实和种子，也吃玉米、高粱、黄豆、豌豆、小麦等农作物，粪便较稀，容易引起鸟粪故障。

故障类型：鸟粪故障、鸟巢短路、鸟啄复合绝缘子。

2. 乌鸦

雀形目、鸦科，其图鉴见图 1-3。

形态特征：体长平均在 50cm 左右，体羽大多黑色或黑白两色，黑羽具紫蓝色金属光泽；翅远长于尾；嘴、腿及脚纯黑色；鼻孔距前额约为嘴长的 1/3，鼻须硬直，达到嘴的中部。

生活习性：乌鸦喜群栖，集群性强，一群可达几万只。群居在树林中或田野间，为森林草原鸟类，主要在地上觅食，步态稳重。除少数种类外，常结群营巢，能造成鸟巢故障，并在秋冬季节混群游荡。鸣声简单粗砺。一般性格凶悍，富于侵略习性，常掠食水禽、禽类巢内的卵和雏鸟；杂食性，吃谷物、浆果、昆虫、腐肉及其他鸟类的蛋，粪便较稀，一般04:00～08:00，20:00～次日02:00活动时，易引起鸟粪故障。

分布状况：呼伦贝尔、赤峰、通辽、兴安。

故障类型：鸟粪闪络、鸟巢短路、鸟啄复合绝缘子。

图1-3　乌鸦

3. 黑鹳

鹳形目、鹳科。俗名：黑老鹳。在迁徙通道中属于猛禽类，其图鉴见图1-4。

形态特征：体长约100cm、腿长约35cm、翼展长度约150cm，除下胸、腹部及尾下白色，嘴及腿红色外，其余部位为黑色，且黑色部位具绿色和紫色光泽。亚成鸟上体褐色，下体白色。黑鹳体积大，能够造成鸟体短接故障。

分布状况：赤峰、通辽、呼伦贝尔、兴安。

生活习性：栖于沼泽、池塘、湖泊、河流沿岸及河口，性惧人，冬季结小群活动，繁殖期叫声悦耳。习惯选择水源地附近的架空输电线路杆塔落脚、嬉戏。主要以鲫鱼、雅罗鱼、团头鲂、虾虎鱼、白条、鳔（biào）鳅、泥鳅、条鳅、杜父鱼等小型鱼类为食，也吃蛙、蜥蜴、虾、蟋蟀、金龟甲、蝲蛄、蟹、蜗牛、软体动物、甲壳类、啮齿类、小型爬行类、雏鸟和昆虫等其他动物性食物，粪便较稀，一般 04:00～08:00，20:00～次日 02:00 活动时，易引起鸟粪故障。

故障类型：鸟粪闪络、鸟体短接。

图 1-4　黑鹳

4．红隼

隼形目、隼科、隼属。俗名：红鹰、茶隼等，其图鉴见图 1-5，在迁徙通道中属于猛禽类。

形态特征：体小（33cm）的赤褐色隼。雄鸟头顶及颈背灰色，尾蓝灰无横斑，上体赤褐略具黑色横斑，下体皮黄。雌鸟体型略大：上体全褐，比雄鸟少赤褐色而多粗横斑。亚成鸟：似雌鸟，但纵纹较重。尾呈圆形，体型较大，雄鸟背上具点斑，下体纵纹较多，脸颊色浅。虹膜褐色，嘴灰而端黑，蜡膜黄色，脚黄色。叫声高叫刺耳。

分布状况：呼伦贝尔、赤峰、通辽、兴安、锡林浩特。

生活习性：喜空中盘旋或悬停在空中、猛扑猎物，常从地面捕捉猎物。停栖在柱子、枯树、线塔上，喜开阔原野；主要以老鼠、雀形目鸟类、蛙、蜥蜴、松鼠、蛇等小型脊椎动物，也吃蝗虫、蚱蜢、蟋蟀等昆虫，粪便较稀，一般 04:00～08:00，20:00～次日 02:00 活动时，易引起鸟粪故障。

故障类型：鸟粪闪络。

图 1-5 红隼

5. 猎隼

隼形目、隼科、隼属。俗名：鸟鹰，其图鉴见图 1-6，在迁徙通道中属于猛禽类。

形态特征：猎隼，季候鸟，大型猛禽。主要以鸟类和小型动物为食猎隼体重 510～1200g，体长 27.8～77.9cm。猎隼是体大且胸部厚实的浅色隼。颈背偏白，头顶浅褐。猎隼头部对比色少，眼下方有不明显黑色线条，眉纹白。上体多褐色而略具横斑，与翼尖的深褐色成对比。尾具狭窄的白色羽端。下体偏白，狭窄翼尖深色，翼下大覆羽具黑色细纹。翼比游隼形钝而色浅。幼鸟上体褐色深沉，下体满布黑色纵纹。叫声似游隼但较沙哑。

分布状况：呼伦贝尔、赤峰、兴安、通辽、锡林郭勒。

生活习性：猎隼主要以中小型鸟类、野兔、鼠类等动物为食，粪便较稀，一般 04:00～08:00，20:00～次日 02:00 活动时，易造成鸟粪故障；在靠近猎物的瞬间，稍稍张开双翅，用后趾和爪打击或抓住猎物有时则站立于悬崖岩石的高处，或旋站在树顶和电线杆上等候，等猎物出现时猛扑而食。

故障类型：鸟粪闪络。

图 1-6 猎隼

6. 雀鹰

隼形目、鹰科,其图鉴见图 1-7。在迁徙通道中属于猛禽类。

形态特征:雀鹰雄鸟上体鼠灰色或暗灰色,头顶、枕和后颈较暗,前额微缀棕色,后颈羽基白色,常显露于外,其余上体自背至尾上覆羽暗灰色,尾上覆羽端有时缀有白色;尾羽灰褐色,具灰白色端斑和较宽的黑褐色次端斑。

生活习性:常单独生活,栖于树上和电力设备杆塔上。雀鹰主要以鸟、昆虫和鼠类等为食,也捕食鸠鸽类和鹑鸡类等体形稍大的鸟类和野兔、蛇等,粪便较稀,一般 04:00~08:00,20:00~次日 02:00 活动,易造成鸟粪故障。

分布状况:呼伦贝尔、赤峰、通辽、兴安、锡林浩特。

故障类型:鸟粪闪络、鸟啄复合绝缘子。

图 1-7 雀鹰

第四节　涉鸟故障辨识典型图例

　　输电线路涉鸟故障多为鸟粪类故障，鸟巢类、鸟啄类、鸟体短接类等故障发生较少。引起鸟粪类故障的鸟类一般为体型较大的鸟类，紧凑型线路涉鸟故障大多发生在赤峰北部及通辽北部地区，是国内主要的大型候鸟迁徙途径地和目的地之一。

　　鸟粪类故障进一步细分可分为长串鸟粪空间击穿闪络和鸟粪污闪（绝缘子沿面闪络），长串鸟粪空间击穿闪络是指鸟类在杆塔附近泄粪时，长串鸟粪形成导电通道，短接部分空气间隙，使绝缘子串附近电场畸变，引起空气击穿导致线路跳闸，一般情况导线、横担或绝缘子上存在放电痕迹，图 1-8～图 1-12 为长串鸟粪导致的输电线路故障放电痕迹及放电通道。

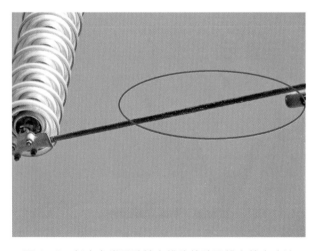

图 1-8　长串鸟粪导致输电线路故障导线上放电痕迹

图 1-9 长串鸟粪导致输电线路故障横担放电痕迹

图 1-10 长串鸟粪导致输电线路故障导线对横担放电通道图

鸟粪污闪是指鸟粪附着于绝缘子表面，在潮湿环境下引起的沿面闪络，一般绝缘子表面上有大量鸟粪，并且绝缘子和横担上有放电痕迹。

图 1－11 某涉鸟故障线路绝缘子串上有大量鸟粪

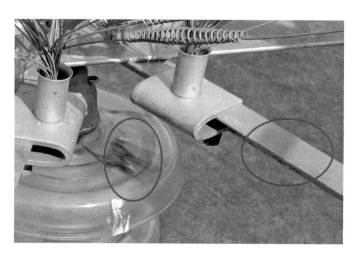

图 1－12 绝缘子、横担处放电痕迹

    引起鸟巢类故障的原因，主要由于天气等原因造成鸟巢与线路安全距离不足或鸟巢搭建过程中部分导电物导致线路接地故障，鸟巢类故障隐患见图 1－13。

图 1-13 鸟巢类故障隐患图例

　　引起鸟啄类故障的原因为鸟类啄食复合绝缘子伞裙和护套，导致芯棒外露，严重者复合绝缘子损坏，当天气情况不好时容易造成因绝缘不够而导致的放电，特点为绝缘子伞裙与护套严重被啄损，绝缘子上存在放电痕迹，鸟啄绝缘子类故障辨识图例见图 1-14。

复合绝缘子伞裙啄损　　　　　　　　　　　复合绝缘子芯棒外露

图 1-14 鸟啄绝缘子类故障辨识图例

　　引起鸟体短接的故障一般是因为鸟类较大，在起飞瞬间导致相间短路或者短路接地从而导致线路跳闸，或鸟类因为雷击导致死亡，在下落过程中导致相间短路或者接地短路，特点为现场能发现鸟类尸体，导线或杆塔上存在放电痕迹，输电线路大型鸟类及输电线路鸟体短接见图 1-15。

输电线路上体型较大的鸟类   输电线路上鸟体短接故障示意图

图 1-15　输电线路大型鸟类及输电线路鸟体短接示意图例

第二章　涉鸟故障发展趋势及规律研究

第一节　涉鸟故障发展趋势研究

随着电网快速建设与发展，生态环境日益改善，鸟种、数量日益增多，鸟类在输电杆塔上栖息、搭窝筑巢、排泄粪便等活动愈加频繁，导致近年线路涉鸟故障的发生概率增加，以蒙东辖区为例，蒙东辖区位于内蒙古自治区的东北部，面积为 47 万 km²，约占内蒙古自治区总面积的 40%，北部与俄罗斯、蒙古接壤；东部连接着东北三省；西部是内蒙古锡林郭勒市；南部与河北省相邻。地势整体上呈现出西北高、东南低的特点，地形复杂多样，根据不同的特点可划分为 4 种地形区：高平原、山地、丘陵、平原。

虽然蒙东辖区整体环境改善鸟的种类和数量增多，输电线路的长度也增长迅速，但涉鸟故障 2016 年之后整体呈下降趋势，为充分做好对涉鸟故障发展趋势及规律的研究，为线路防鸟提供技术支撑，分别从多个维度分析蒙东辖区涉鸟故障发展趋势及规律。

1. 按年度统计

2013～2020 年 220kV 及以上输电线路因涉鸟故障引发的故障跳闸 110 次。2013～2015 年涉鸟故障次数逐年上升，2015～2018 年涉鸟故障次数逐年下降，2018～2020 年涉鸟故障又有反弹趋势，见图 2-1。

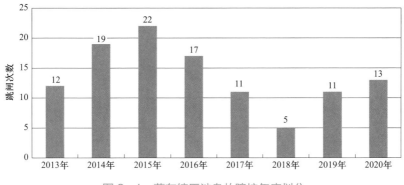

图 2-1 蒙东辖区涉鸟故障按年度划分

从统计结果来看，2016 年之前输电线路防鸟措施采取较少，鸟类活动频繁，导致涉鸟故障逐年增长。自 2016 年开始蒙东辖区逐步提高防鸟装置的应用率，有效防止了涉鸟故障的发生，2016～2018 年发生涉鸟故障逐年减少；2019～2020 年涉鸟故障有所反弹，主要原因为部分防鸟装置运行时间久且制作工艺较差、部分防鸟装置失效，导致现有防鸟装置无法有效遏止鸟类在输电线路杆塔上的活动，涉鸟故障出现反弹。

2. 按电压等级统计

2013～2020 年涉鸟故障按电压等级统计，见图 2-2。

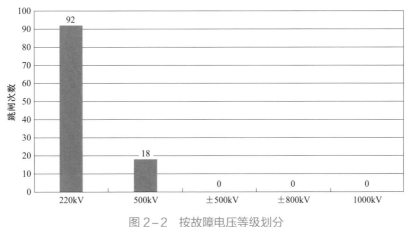

图 2-2 按故障电压等级划分

220kV 输电线路涉鸟故障明显多于其他电压等级,主要是 220kV 输电线路绝缘配置远低于 500kV,鸟粪更容易造成 220kV 输电线路空气间隙击穿;其次 500kV 电压等级绝缘子串周围电场强度较高,鸟粪会在高电场作用下发散开去,当输电线路采用 I 型复合绝缘子绝缘配置时,更不容易发生绝缘子沿面闪络。

3. 按月度统计

故障按月统计见图 2-3。

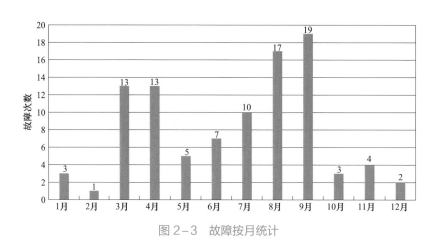

图 2-3 故障按月统计

每年 3、4 月和 8、9 月是鸟类迁徙时间,大量的迁徙鸟途经输电线路,并且鸟类在 8、9 月大量幼鸟出巢,鸟类数量大幅增加,导致 3、4 月涉鸟故障较高,8、9 月涉鸟故障最高。

4. 按地域统计

按各地域划分见图 2-4。

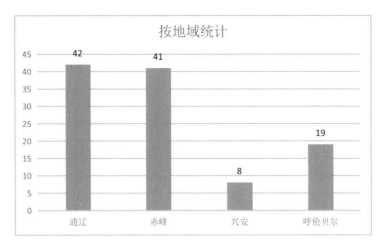

图 2-4 涉鸟故障按地域划分

通辽、赤峰地区是涉鸟故障的高发区域，主要原因一是通辽、赤峰地区老旧线路较多，线路配置较低；另一方面通辽、赤峰地区处于鸟类迁徙通道之中的线路较多，导致涉鸟故障多发。

5. 涉鸟故障按时间统计

按故障时间统计见图 2-5。

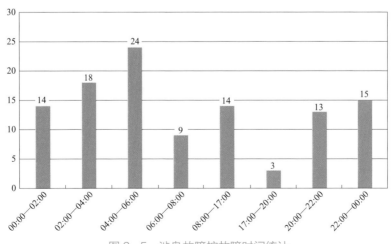

图 2-5 涉鸟故障按故障时间统计

根据统计，大部分涉鸟故障发生时间在 20:00～04:00，共发生 60 次；04:00～06:00 时间段内发生次数较多，共发生 24 次，17:00～20:00 发生次数较少，共发生涉鸟故障 3 次，原因是傍晚至凌晨，空气湿度较大，容易形成雾气，形成空气击穿放电的有利条件；同时此时段是各种鸟类活动及排便相对集中的时间，因此涉鸟故障易集中发生在这个时间段内。

6. 涉鸟故障按导线位置统计

220kV 单回路输电线路发生涉鸟故障导线位置集中于中导线，故障占比 70.6%，边导线占比 29.4%；多回路线路发生涉鸟故障相别集中于上导线和中导线，上导线占比 42.9%，中导线占比 57.1%；500kV 输电线路发生涉鸟故障的杆塔均为紧凑型杆塔，串型均为 V 串，边导线故障占比 100%。220kV 输电线路中导线位置涉鸟故障次数最高，主要原因为架空输电线路中间横担结构有利于鸟类筑巢；500kV 紧凑型杆塔边导线故障率最高，主要原因是紧凑型杆塔导线排列方式为倒三角排列，且绝缘子串型均为 V 串，中导线距离横担空气间隙较长，边导线导线空气间隙相对较短，容易被鸟粪短接，导致涉鸟故障集中于边导线。

7. 涉鸟故障按故障时风速统计

根据故障数据统计，风速在 4～6m/s 时涉鸟故障跳闸率最高，占比 57%；其次为 2～4m/s，占比 34%；6～9m/s 风速时涉鸟故障占比 7%；风速在 9m/s 以上时，发生涉鸟故障跳闸的占比大幅降低，不易发生故障，见图 2－6。

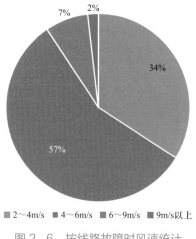

图 2-6　按线路故障时风速统计

第二节　涉鸟故障区域分布及规律

1. 涉鸟故障区域分布

蒙东辖区地处欧亚大陆腹地、蒙古高原东南缘，远离海洋，气候受海洋影响小，受西伯利亚和蒙古冷高压及东南季风影响较大，湿地资源丰富，因其独特的生态环境形成了丰富的鸟类多样性。鸟类迁徙主要以鹳鹬类，猛禽类，雁鸭类为主，鸟类迁徙通道图见图 2-7。

鹳鹬类迁徙通道为扎兰屯—兴安盟—开鲁—奈曼，并且处于三级涉鸟故障区，是造成蒙东辖区涉鸟故障的主要迁徙鸟类；同样处于三级涉鸟故障地区的迁徙通道为猛禽类，主要路线为满洲里市（呼伦湖）—阿尔山市—科尔沁右旗中旗—库伦旗，通辽北部区域为鸟类迁徙集中地，所以通辽北部是鸟类防护重点区域，雁鸭类主要途径巴林左旗—巴林右旗—敖汉旗，

图 2-7 蒙东辖区鸟类迁徙通道图

赤峰北部地区为雁鸭类涉鸟故障重点防护区，从输电线路集中度来看，鸻鹬类迁徙通道附近输电线路最为集中，所以预防涉鸟故障应以防护鸻鹬类为主。

从时间上看鸻鹬类迁徙时间为 3、4、8、9 月，春季迁徙每年 3 月从通辽飞往兴安地区，到达兴安地区的时间为 4 月，秋季迁徙每年 8 月到兴安地区，9 月到达通辽地区；猛禽类迁徙时间集中在 3、4、8、9 月，春季迁徙每年 3 月从通辽飞往呼伦贝尔地区，到达呼伦贝尔地区的时间为 4 月，秋季迁徙每年 8 月呼伦贝尔地区，9 月到达通辽地区；雁鸭类主要迁徙通道集中在赤峰地区，迁徙时间为 3、4、8、9 月。

2. 涉鸟故障风险分布图

根据鸟类对线路的影响以及涉鸟故障的分类，涉鸟故障风险分布图通常分为鸟粪类故障风险分布图和鸟巢类故障风险分布图，蒙东辖区由于未发生过鸟巢类输电线路故障，这里不详细讲解。下面主要对蒙东辖区鸟粪类涉鸟故障风险分布图进行说明，鸟粪类故障风险等级占比划分，见图 2-8。

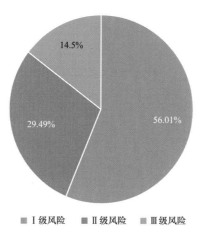

图 2-8　鸟粪类故障风险等级占比

Ⅰ级风险区域占总面积 56.01%，主要分布在呼伦贝尔、兴安地区。
Ⅱ级风险区域占 29.49%，主要分布在呼伦贝尔、赤峰地区。Ⅲ级风险
区域占 14.5%，主要分布在赤峰、通辽地区。下面结合各地区风险分布
图和涉鸟故障情况详细介绍各地区涉鸟故障分布和规律。

（1）赤峰地区鸟粪类故障风险分布。

赤峰地区鸟粪类故障风险分布见图 2-9。

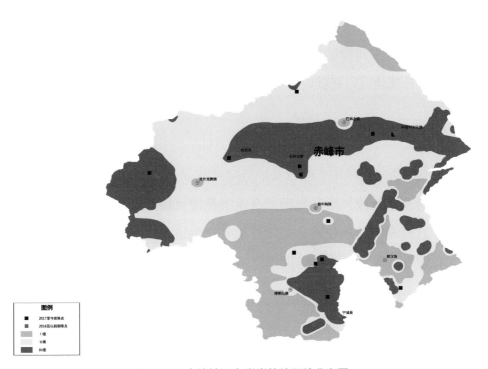

图 2-9　赤峰地区鸟粪类故障风险分布图

赤峰地区涉鸟故障季节性较强，表现为 3、4 月和 8、9 月涉鸟故障突
出，季节性较强原因主要是迁徙鸟类引起，本地留鸟引发的涉鸟故障发生
一般较为平均，但在幼鸟出巢期涉鸟故障会有所增多，从历史故障分布来
看，500kV 输电线路涉鸟故障主要位于赤峰北部地区，大型鸟类防治十分
必要。涉鸟故障重点防护期为每年 3、4、8、9 月，重点防护地区为宁城县、

元宝山区、喀喇沁旗、巴林右旗。

（2）通辽地区鸟粪类故障风险分布。

通辽地区鸟粪类故障风险分布见图2−10。

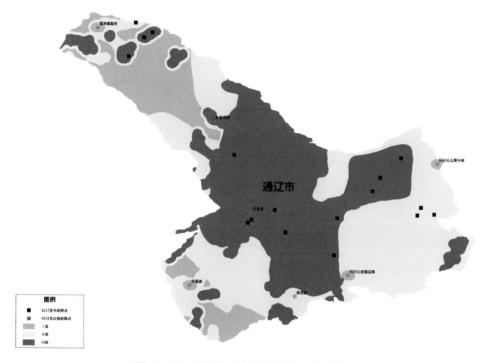

图2−10　通辽地区鸟粪类故障风险分布图

通辽地区每年3月鸟类活动最为频繁，总体来看全年涉鸟故障分布较均匀，主要是通辽北部地区为鹳鹬和猛禽类两类鸟类迁徙通道交汇处，每年途经通辽北部区域输电线路鸟类数量多，时间较分散，迁徙鸟类在此停留时间久。从历史故障分布来看，通辽地区中部、西北部及东北部发生涉鸟故障较多，通辽全年应做好涉鸟故障防护工作，重点防护本地留鸟与候鸟，每年3月为重点防护期，通辽市区、科尔沁左翼中旗、开鲁县、霍林河为重点防护地区。

（3）呼伦贝尔地区鸟粪类故障风险分布。

呼伦贝尔地区鸟粪类故障风险分布见图 2－11。

图 2－11 呼伦贝尔地区鸟粪类故障风险分布图

呼伦贝尔地区涉鸟故障季节性也较明显，主要发生在 4、7、8 月，相比其他地区呼伦贝尔纬度更高，按照鸟类迁徙时间分析，鸟类在呼伦贝尔地区停留时间短，从历史故障分布来看，呼伦贝尔地区涉鸟故障集中在呼伦贝尔中西部及南部地区，每年 4、7、8 月为重点防护期，防护鸟类主要防治本地留鸟与迁徙鸟类为主，防护重点区域为蘑菇气、阿荣旗、莫力达瓦达斡尔族自治旗。

（4）兴安地区鸟粪类故障风险分布。

兴安地区鸟粪类故障风险分布见图 2－12。

兴安地区涉鸟故障高发期为每年 4 月，其他月发生涉鸟故障次数较少，一方面因为兴安地区鸟类迁徙停留时间短，另一方面兴安地区输电线路防鸟装置配置较高，从历史故障分布来看，兴安地区涉鸟故障集中在兴安中北部及西部地区，兴安地区每年4月为鸟类防护重点时间，中旗西部、前旗北部为重点防护地区。

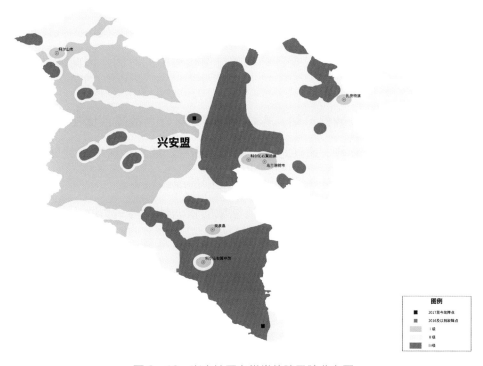

图2-12　兴安地区鸟粪类故障风险分布图

3. 涉鸟故障总体规律

近几年随着湿地保护、国土绿化等政策的出台，生态环境不断好转，导致野生鸟类数量增多、活动区域扩大，涉鸟故障具有一定的规律性，如时间性，季节性，区域性，重复性等。

季节性：蒙东辖区鸟类迁徙的时间主要集中在3~4月和6~9月这两

个时间段，涉鸟故障主要发生在这两个时间段是因为鸟类迁徙期与鸟类繁殖期，鸟类迁徙的主要途径是自渤海湾，黄海东北部等湿地向蒙东辖区的达里诺尔、科尔沁附近水域及呼伦湖等湿地迁徙。由于架空线路部分处于鸟类栖息、迁徙途经区域，无疑会受到鸟类活动的影响。

时间性：蒙东辖区涉鸟故障时间段主要集中在 04:00～06:00 时段，主要原因是这段时间靠近水源地区空气湿度较大，易形成雾气，为气体击穿放电提供有利条件，此时段是各种鸟类排便较集中的时间，因此涉鸟故障易集中发生在这个时段内。

区域性：从统计数据可知，赤峰与通辽地区涉鸟故障占比 69.8%，涉鸟故障主要集中于赤峰、通辽地区，原因为赤峰、通辽地区老旧线路较多，线路设防标准不高，且处于鸟类迁徙通道中的线路较多。

重复性：鸟类大多有对原来生活领域的依恋性，鸟巢拆除后往往不到一周时间甚至几天时间就又重新在原来杆塔搭建鸟窝，特别处于繁殖期的鸟类，反复筑巢更是明显。

第三章　组织保障

第一节 体 系 保 障

1. 组织体系

架空输电线路涉鸟故障防治工作组织体系由省级专业管理部门归口管理，各级专业管理部门分级负责，电科院提供技术支撑，运维单位具体实施，地方政府相关部门为线路涉鸟故障防治工作的监管单位，见图 3-1。

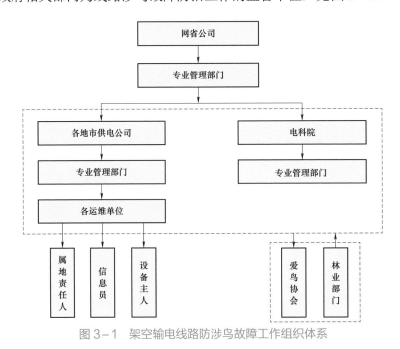

图 3-1 架空输电线路防涉鸟故障工作组织体系

2. 工作体系

运维单位建立以设备主人为核心，属地责任人、信息员参与的架空输电线路涉鸟故障防治工作体系。工作流程见图 3-2。

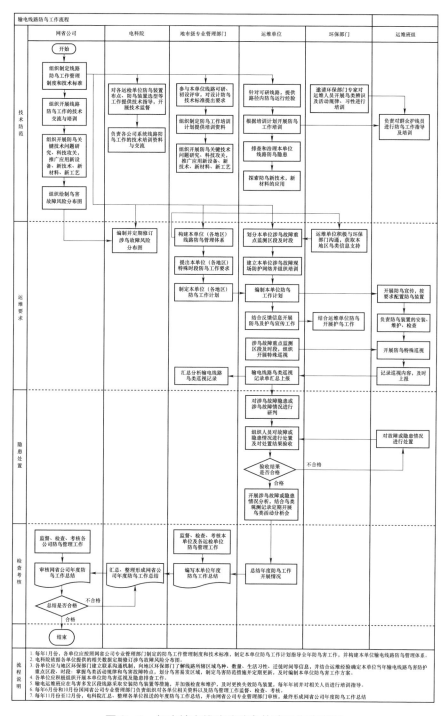

图 3-2 架空输电线路防涉鸟故障工作流程图

第二节 制 度 保 障

1. 制度宣贯

防鸟工作制度宣贯一般分为线路运维人员和线路信息员的制度宣贯和专题培训两个方面。工作制度及标准应涵盖整个地区的防鸟工作制度及标准，运维单位应在本地区防鸟工作制度及标准情况基础上，结合本单位重点防护区段、气候、特殊塔型及涉鸟故障情况形成地市级职能部门层面防鸟工作的方案。各部门应相互配合，采取分级分层的管理方法，详细了解防鸟工作要求，做好制度宣贯，保证各层级人员对制度充分了解并掌握。

运维单位每年年初应根据省级职能管理部门要求，结合本单位现场已采用的防鸟装置类型和各地区鸟类信息，制定涉鸟故障防治年度培训计划，开展运维人员培训。

运维单位每年年初应组织开展线路信息员涉鸟故障防治工作专项培训，制定线路信息员专项培训方案，重点培训涉鸟故障季节隐患排查及反馈重点等内容，提高信息员防鸟工作针对性及执行力，保证工作落实到位。

2. 分布图使用

（1）涉鸟故障分布图使用方法。

1）线路规划设计阶段：线路新（改）建在规划设计时，要根据涉鸟故障分布图，尽量避让Ⅲ级风险区。

2）线路建设阶段：根据线路所处涉鸟故障风险分布图风险等级结合线路实际运行环境按配置原则，配置防鸟装置。

3）线路验收阶段：依据涉鸟故障风险分布图，根据不同种类涉鸟故障风险等级、防鸟刺布防示意图及防鸟装置防护范围，校验防鸟装置是否满足要求，不满足要求的及时整改。

4）线路运行阶段：各单位依照涉鸟故障分布图，密切注意涉鸟故障风险等级的变化，对处于涉鸟故障等级升高区域的线路，提高防鸟装置配置，满足线路防鸟技术要求。

（2）鸟类迁徙通道分布图使用方法。

1）线路规划设计阶段：根据鸟类迁徙通道分布图，新（改）建线路应尽可能与鸟类迁徙通道相垂直，避免整体线路处于鸟类迁徙通道中或与鸟类迁徙通道相平行。

2）线路建设阶段：对处于鸟类迁徙通道部分的线路，应根据装置配置原则结合线路运行环境，配置防鸟装置。

3）线路验收阶段：对线路途经鸟类迁徙通道的区段进行标注，做好资料，作为后期运维重点区段。

4）线路运行阶段：运维单位应根据鸟类迁徙通道分布图，在鸟类迁徙季节开展观鸟工作，对鸟的种类、习性等信息进行记录，为防鸟工作提供基础数据。

3. 防鸟护鸟宣传

各单位应在每年"世界湿地日""世界候鸟日"及"爱鸟周"等重要爱鸟护鸟主题日，充分利用电视、广播、报纸及网络等平台，广泛开展护鸟宣传活动。加强与野生动物保护志愿者、公益组织和民间团体的沟通联系，对沿线群众积极开展社会科普宣传，提高公众对鸟类保护的意识，将输电线路保护和鸟类保护工作有机结合起来，做到同宣传、同部署、同落实。各单位积极开展防鸟护鸟工作的同时，不断创新防范方式，完善人防、物防、技防手段，从驱鸟防鸟到引鸟护鸟，实现输电线路与自然和谐共存。

第三节 装 备 保 障

在完善的组织体系和工作体系下，还应做好鸟类观测和鸟类隐患巡视工作，观鸟工作巡视装备应满足鸟类观测及故障处置需求，合理配置鸟类观测装备，见表3-1。

表3-1　　　　　　　　　观鸟工作巡视装备配置表

序号	工具名称	用途	单位	数量	配置地点	使用人	备注
1	望远镜	观察鸟种及其在杆塔上筑巢情况等	副	1	班组	巡视人员	按专业人员配置
2	数码照相机	记录鸟种及其在杆塔上筑巢情况等	台	1	班组	巡视人员	按专业人员配置
3	手提防爆灯	夜间巡视照明及涉鸟故障等跳闸故障查找	部	4	班组	巡视人员	按专业班组配置
4	GPS定位仪	定位涉鸟故障多发区段杆塔坐标	部	4	库房	巡视人员	按单位配置
5	夜视镜	夜间巡视观察线路周围鸟类活动情况	台	6	库房	巡视人员	按单位配置

续表

序号	工具名称	用途	单位	数量	配置地点	使用人	备注
6	卫星电话	信号微弱且涉鸟故障易发区段互相联系	部	4	库房	巡视人员	按单位配置
7	无人机	记录鸟种及其在杆塔上筑巢情况等	架	1	库房	巡视人员	按线路每百公里配置

第四章　技术保障

架空输电线路覆盖面积广，运行环境复杂，受路径限制的影响，常建于河流、湖泊、湿地等鸟类频繁活动区域，由于稳定的杆塔结构，鸟类易在杆塔上筑巢。第二章介绍了架空输电线路涉鸟故障的特点及原因，本章以爱鸟护鸟为前提，以降低输电线路的涉鸟故障率为目的，以保障输电线路安全稳定运行为目标，结合防鸟装置的运行特点及不同鸟类的活动规律，提出涉鸟故障技术措施及技术管理。

第一节　技　术　措　施

1. 装置配置原则

（1）总体原则。

防鸟装置的配置应依据涉鸟故障风险分布图以及本地区重要输电线路通道明细，明确线路杆塔所属的涉鸟故障风险类型及风险等级，有针对性地进行配置。新（改）建线路在设计阶段应将防鸟措施列入设计范围内。配置原则如下：

1）Ⅰ级：可不安装防鸟装置。

2）Ⅱ级：结合运行经验，对鸟类活动较多、重要线路杆塔或区段安装防鸟装置。

3）Ⅲ级：220kV 及以上电压等级线路每基杆塔均应安装防鸟装置，110kV 重要线路每基杆塔均应安装防鸟装置。

4）500kV 及以上线路原则上不考虑配置鸟巢类故障的防范措施。

5）特高压交直流线路应根据实际情况考虑防鸟措施。

6）鸟类活动频繁尤其涉鸟故障频发区域应适当提高配置标准。

7）存在五级及以上电网风险线路应适当提高配置标准。

（2）防护范围。

1）鸟巢类故障保护范围：

110kV、220kV 线路边导线横担头封堵长度不小于 0.8m；导线水平排列时，中导线封堵范围不小于悬挂点两侧向外各 0.6m。

2）鸟粪闪络保护范围：

目前，通用规范采用的鸟粪闪络防护范围是 110kV≥0.3m，220kV≥0.8m，500kV≥1.4m，在实际运维中，输电线路受自然环境以及鸟类生活习性的影响不能忽略，在充分考虑自然环境和鸟类生活习性的基础上，通过实验验证，对防护范围进行修正为 110kV：0.43m；220kV：0.93m；500kV：1.99m（修正过程参考附录 A）。

其他电压等级线路可依据运行经验及研究成果确定防护范围，高海拔地区（＞1000m）及 V 串结构形式防护范围应适当扩大。

2. 总技术要求

防鸟装置的安装数量、安装位置应满足各电压等级防护范围要求，防护范围内导线、金具、均压环均应防护到位，特殊塔型地线支架也应安装防鸟装置，不出现空白点。

新（改）建线路设计时应结合涉鸟故障风险分布图和候鸟迁徙通道图布置安装防鸟装置，在鸟害多发区应采取综合防鸟措施，综合选用防鸟刺、防鸟挡板、防鸟针板，必要时增加绝缘子串结构高度等。

双回路铁塔加装防鸟装置后应校核导线、引流线与防鸟装置的安全距离。

防鸟装置应能长期耐受紫外线、雨、冰、风、雪、温度变化等外部环境和短时恶劣天气的考验。防鸟装置结构应保持稳定，不应变形、松动、脱落，紧固件应加装防松脱措施，安装时不应在杆塔横担上重新打孔。

防鸟装置不应存在影响线路安全运行和人身安全的隐患，尽量不影响线路的维护检修工作，安装固定方便。不宜采用结构复杂、易损坏或防鸟效果不佳的防鸟装置。

3. 常用防鸟装置介绍

目前架空输电线路常用的防鸟装置包括但不仅限于防鸟刺、防鸟挡板、防鸟罩、防鸟绝缘包覆等，本小节将介绍常用防鸟装置定义、材质、适用范围以及装置的优缺点，常用防鸟装置安装工艺将在后面小节进行介绍。

（1）防鸟刺。

1）定义。

防鸟刺是针对输电线路杆塔防止鸟类活动的装置，防鸟刺由于刺针的作用鸟类无法靠近，可有效防止鸟类在杆塔横担处停留、筑巢，防鸟刺样式见图4-1。

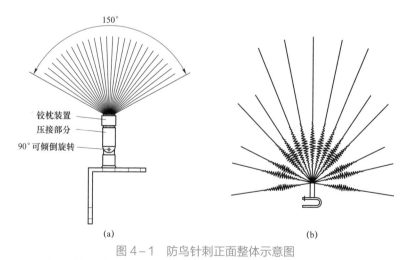

图4-1 防鸟针刺正面整体示意图

（a）防鸟直刺正面整体示意图（L型）；（b）防鸟鼓型弹簧刺正面整体示意图（U型）

2）材质。

防鸟刺按针刺形式可分为直刺和弹簧刺两种，通常为不锈钢、铝合金或热镀锌钢材材质，见图4-2；防鸟刺底座通常采用"L"型或"U"型底座，底座及固定件通常为不锈钢、铝合金或热镀锌钢材材质。

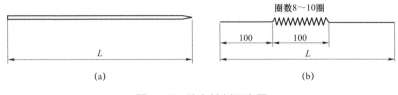

图4-2　防鸟针刺示意图

（a）直刺针刺图；（b）弹簧针刺图

3）适用范围。

防鸟刺目前应用最广，以110~500kV线路的鸟粪类故障防治为主。

4）装置优缺点。

防鸟刺具有构造简单，使用方便，使用寿命长，安装便捷，牢固可靠，不产生金属疲劳而损坏等优点，但不带收放功能的防鸟刺会影响常规检修工作，且部分体型较小鸟类的适应性强，将鸟窝搭建在防鸟刺上时难以拆除。

（2）防鸟挡板。

1）定义。

防鸟挡板是固定在输电线路绝缘子串上方横担处的水平或小角度倾斜的挡板，用于防止鸟粪污染绝缘子串或鸟粪闪络的装置。

2）材质。

防鸟挡板的材质一般选用高强度3240环氧树脂绝缘板或玻璃钢制作，必须保证整体强度高，具有优良的耐碱性、耐酸性和耐溶剂性，并根据不同电压等级和杆塔所处的自然环境选择厚度范围为3~5mm。高强度3240

环氧树脂绝缘板表面为深黄色、颜色必须均匀、无起皮、无表面刮伤及不脱层，不膨胀，不龟裂。防鸟挡板固定支架常使用 4.8M16×40 镀锌螺栓连接紧固。

3）适用范围。

防鸟挡板主要以 110～500kV 线路鸟粪类故障防治为主。

4）装置优缺点。

防鸟挡板对鸟粪类故障的防范有较好的效果，可大面积封堵宽横担，但造价相对较高、拆装不方便，不适用于风速较高的地区，此外还可能积累鸟粪，雨季造成绝缘子污染。

（3）防鸟罩。

1）定义。

防鸟罩是安装在悬式绝缘子上方，用以阻挡鸟粪、异物下落时接触或靠近绝缘子边沿，保证绝缘子串不发生短路或绝缘子周围电场不发生严重畸变的防鸟装置，防鸟罩按型式不同可分为一体式防鸟罩和对接防鸟罩，防鸟罩结构见图 4-3。

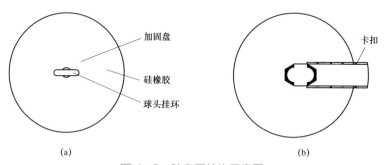

图 4-3 防鸟罩结构示意图

（a）一体式防鸟罩；（b）对接式防鸟罩

2）材质。

防鸟罩应采用优高强度绝缘复合材料制成，绝缘性能和机械强度均应满足相关规程要求，按照材质的不同一般可分为硅橡胶防鸟罩和玻璃钢防鸟罩，其中硅橡胶防鸟罩通过高温硫化一次成型；玻璃钢防鸟罩基本材料是不饱和聚酯树脂，增强材料采用无碱成分的玻璃纤维。对接式防鸟罩紧固螺栓使用 4.8 级 M10 镀锌螺栓，且应采用热浸镀锌，表面光滑不得出现锌渣、起皮、漏镀、锈蚀等现象。

3）适用范围。

防鸟罩主要用于 110kV 和 220kV 线路鸟粪类故障防治。

4）装置优缺点。

防鸟罩对鸟粪类故障的防范有较好的效果，110kV 线路应用效果相对较好，由于防鸟罩的面积小，水平面夹角小，部分应用在 220kV 线路的防鸟罩较难满足鸟粪闪络防护范围，不能有效防范大量鸟粪堆积在防鸟罩上造成绝缘子闪络的隐患，并且不适用于风速较高的地区。常用于不易安装防鸟刺的横担下方绝缘子上，或者与防鸟刺相互配合。

（4）防鸟绝缘包覆。

1）定义。

防鸟绝缘包覆是包裹绝缘子串高压端金具及其附近导线的绝缘护套，用以防止鸟粪或鸟巢材料短接空气间隙引起闪络的装置，防鸟绝缘护套样式见图 4-4。

2）材质。

防鸟绝缘包覆材质主要是硅橡胶或氟硅橡胶，氟硅橡胶绝缘性、耐腐蚀性等各方面性能优于硅橡胶材质，但是造价相对高一些，应用时应根据实际情况选择材料。防鸟绝缘包覆所用粘合剂应具备与绝缘护套材料本身相同的性能，通常为室温硫化胶。

图 4-4　防鸟绝缘包覆实物图

3）适用范围。

防鸟绝缘包覆同时适用于 110～330kV 架空输电线路鸟粪、鸟巢、鸟体短接类涉鸟故障。

4）装置优缺点。

防鸟绝缘包覆能够对鸟粪、鸟巢、鸟体短接类涉鸟故障有较好应用效果，部分地区安装防鸟绝缘包覆后鸟粪类故障明显减少，但需要注意材料老化及磨损情况。此外，由于导线及金具被防鸟绝缘包覆遮挡，不能实时掌握导线及金具的运行状态，见表 4-1。

表 4-1　　　　　　　　各类防鸟装置的优缺点对比表

装置名称	优点	缺点
防鸟刺	（1）构造简单，使用方便，综合防鸟效果好； （2）针刺表面采用防腐处理，使用寿命长； （3）安装便捷，牢固可靠，不产生金属疲劳而损坏	（1）不带收放功能的防鸟刺会影响常规检修工作； （2）部分体型较小鸟类的适应性强，将鸟窝搭建在防鸟刺上时难以拆除
防鸟挡板	适合宽横担大面积封堵	（1）造价较高； （2）拆装不方便； （3）可能积累鸟粪，雨季造成绝缘子污染； （4）不适用于风速较高的地区
防鸟罩	（1）110kV 线路应用效果相对较好； （2）能有效阻挡鸟粪异物下落时接触或靠近绝缘子边沿	（1）造价较高，可能积累鸟粪，雨季可能造成绝缘子污染； （2）不适用于风速较高地区； （3）不适用 500kV 及以上线路

续表

装置名称	优点	缺点
防鸟绝缘包覆	够对鸟粪、鸟巢、鸟体短接类涉鸟故障有较好应用效果	(1) 须停电安装; (2) 造价高; (3) 安装工艺复杂; (4) 存在老化问题; (5) 不能实时掌握导线及金具的运行状态
防鸟盒	使鸟巢较难搭建于封堵处,且能阻挡鸟粪下泄	(1) 制作尺寸不准确可能导致封堵空隙; (2) 拆装不方便; (3) 不适用 500kV 及以上线路
大盘径绝缘子	有一定防鸟效果,还可以提高绝缘串耐雷、耐污闪水平	保护范围不足
防鸟针板	(1) 适用各种塔型; (2) 覆盖面积大	(1) 造价较高; (2) 拆装不便; (3) 容易异物搭粘
旋转式风车、反光镜等惊鸟装置	使用初期有一定防鸟效果	(1) 易损坏; (2) 随着使用时间延长,驱鸟效果逐渐下降
声、光驱鸟装置	有一定防鸟效果,单个声、光驱鸟装置的保护范围较大	(1) 电子产品在恶劣环境下长期运行使用寿命不能得到保障; (2) 故障后需依靠设备供应商进行维修; (3) 随着使用时间延长,驱鸟效果逐渐下降
人工鸟巢	环保性较好	(1) 引鸟效果不稳定; (2) 主要适用于地势开阔且周围高点较少的输电杆塔
防鸟刺 + 防鸟罩(挡板)	综合多种防鸟装置优点配合使用弥补各防鸟装置不足从而更好地防止涉鸟故障事故的发生	(1) 不带收放功能的防鸟刺会影响常规检修工作; (2) 防鸟罩(挡板)在风速较高地区易损坏; (3) 防鸟罩(挡板)可能积累鸟粪,雨季易造成绝缘子污染
防鸟刺或防鸟罩(挡板) + 防鸟绝缘包覆	综合多种防鸟装置优点配合使用弥补各防鸟装置不足从而更好的防止涉鸟故障(大型鸟类)事故的发生	(1) 须停电安装; (2) 造价高; (3) 安装工艺复杂; (4) 存在老化问题

4. 防鸟方案选择

　　合理的选择防鸟装置确定防鸟方案对输电线路防鸟至关重要,前面小节介绍了几种常用防鸟装置的优缺点,本小节根据不同故障类型、线路周围不同鸟种等多种因素综合考虑确定防鸟方案，涉及具体防鸟装置不限于以下几种，工作中可根据实际需要进行配置。

（1）根据故障类型选择。

1）鸟粪类故障。

预防鸟粪类故障，主要思路是通过防鸟装置避免或减少鸟类在横担处活动，将绝缘子及导线可靠的保护起来，从而降低鸟粪类故障率。

鸟粪类故障的防治措施以合理配置防鸟刺、防鸟罩、防鸟挡板、防鸟绝缘包覆为主。

2）鸟巢类故障。

预防鸟巢类故障，主要思路是避免鸟类在横担处筑巢，降低横担处掉落鸟巢或鸟巢材料的可能，从而降低鸟巢类故障发生的可能性。

鸟巢类故障的防治措施以防鸟盒、防鸟挡板封堵为主，杆塔构件尺寸较小的部位应采用防鸟盒封堵或防鸟挡板覆盖横担下平面构架的方式。

（2）根据鸟种选择。

输电线路在喜鹊、乌鸦、猎隼等小型鸟类频繁活动区域，采用防鸟刺、防鸟罩等措施进行防鸟。

输电线路在黑鹳、灰雁等大型鸟类频繁活动区域，采用防鸟刺、防鸟挡板、绝缘包覆等措施进行防鸟。

（3）综合选择。

对于鸟粪类和鸟巢类故障风险均存在的杆塔、鸟类活动频繁、鸟种复杂、涉鸟故障频发区域，可选择防鸟刺、防鸟挡板和防鸟绝缘包覆相结合的综合防鸟措施。

鸟类频繁筑巢杆塔，可选择人造鸟巢平台，合理引导鸟类筑巢，减少杆塔鸟类筑巢活动。必要时运维单位结合鸟类生活习性开展鸟巢拆除工作。

双回路铁塔选择防鸟措施时,应充分考虑空气间隙及安全距离的限制,选择短针刺型防鸟刺或选择防鸟罩、防鸟挡板、防鸟绝缘包覆。

5. 常用防鸟装置的安装

不同的防鸟装置有不同的适用范围,同样,不同的防鸟装置也有不同的安装方法,在了解了各类防鸟装置的优缺点和掌握了如何选择合适的防鸟装置后,本小节介绍几种常用防鸟装置的安装技术要点。

(1) 防鸟刺。

防鸟刺安装应合理调整间距。对直刺防鸟刺而言,安装完成后能够完全打开,打开扇面角度不小于150°,且相邻防鸟刺针刺间隙不大于10cm;鼓型弹簧针刺打开后呈球状,能够有效防止鸟类进入防护范围。

以故障率较高的 220kV 酒杯塔(2B5-ZB1)、猫头塔(2B5-ZMC2)及干字型耐张塔型(2B5-J1)为例,采用鼓型弹簧防鸟刺(600mm),绘制典型杆塔防鸟刺布防示意图,其它电压等级单回输电线路相同塔型可参照布防,同塔多回线路可参照干字型耐张塔布防,见图4-5~图4-10。

1) 酒杯塔布防示意图

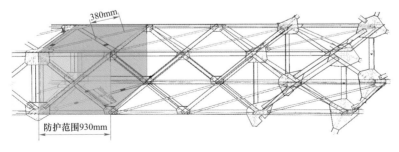

图 4-5　220kV 酒杯塔中横担防鸟刺布防示意图

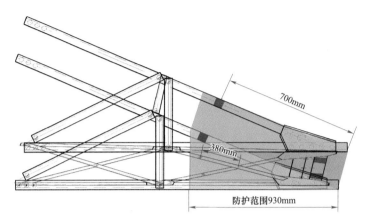

图 4-6　220kV 酒杯塔边横担防鸟刺布防示意图

2）猫头塔布防示意图

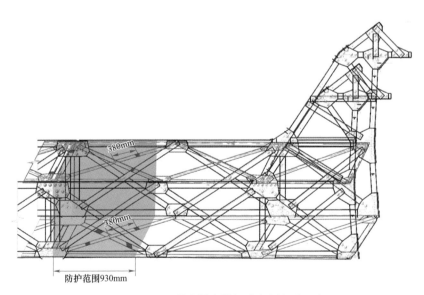

图 4-7　220kV 猫头塔中横担防鸟刺布防示意图

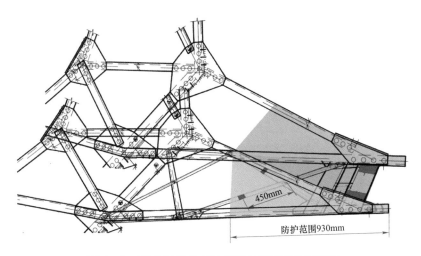

图 4-8　220kV 猫头塔边横担防鸟刺布防示意图

3）耐张塔布防示意图

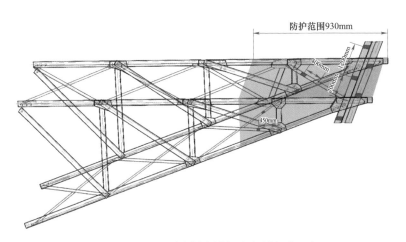

图 4-9　220kV 耐张塔中横担防鸟刺布防示意图

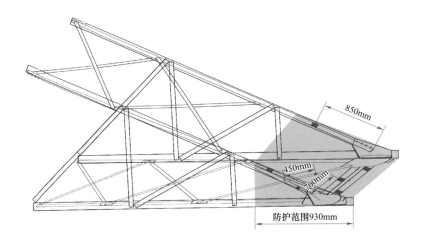

图 4－10　220kV 耐张塔边横担防鸟刺布防示意图

　　防鸟刺在安装前，施工作业人员按照防鸟刺安装布防示意图进行放样，并根据实际塔型进行调整，满足布防要求形成样板，其他杆塔依照样板安装并验收。

　　（2）防鸟挡板。

　　防鸟挡板安装在绝缘子串上方的横担处，应采用专用夹具，紧固螺栓应采取可靠的防松措施。固定或连接方式应综合考虑防风、防冰和防积水等要求。安装后，挡板的导线正上方侧应略高，与水平面成 10～15° 倾斜角，防止积水，并且应满足停电、带电检修时不影响操作。防鸟挡板应满足相应电压等级的保护范围，且挡板宽度应每侧超出横担宽度 5cm，见图 4－11、图 4－12。

　　（3）防鸟罩。

　　防鸟罩在防鸟罩和球头连接部位应有防水措施，罩面应采用斜面，与水平面的角度控制在 10～30° 之间；罩面分离对接处应保证贴合紧密，对接后缝隙不大于 0.5mm；罩面中心开孔处尺寸应保证与球头挂环契合，安装后缝隙不大于 0.5mm，并加设硅橡胶密封垫。

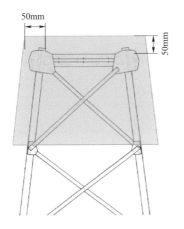 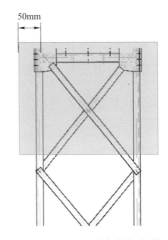

图 4－11 边导线防鸟挡板安装平面图　　图 4－12 中导线防鸟挡板安装平面图

防鸟罩安装宜采用对接式，安装在悬垂绝缘子串上挂点的球头挂环上，要求安装方便，易操作，见图 4－13。

图 4－13 鸟罩实物安装图

（4）绝缘包覆。

防鸟绝缘包覆应根据导线、金具、均压环形状尺寸定制完成，对导线、均压环、连接金具以及耐张塔引流线全部包覆，要求整体一次注射完成，不允许存在接头，表面应光洁、平整，不允许有裂纹，应配备有安装搭扣或榫槽，便于现场安装，绝缘包覆应密封性良好，密封口方向朝下。

防鸟绝缘包覆安装前，应确认被包覆的所有线夹、连接金具、导线等状态完好，若有异常必须恢复正常后方可安装。

第二节 技 术 管 理

防鸟工作技术管理是防鸟工作的技术保障，上节从不同方面介绍了防鸟工作的技术措施，本章从可研设计、实施、运行等阶段介绍技术管理工作。

1. 可研设计阶段

（1）新（改）建线路设计路径和选择定位时，应结合涉鸟故障风险分布图尽可能避让候鸟迁徙通道与本地留鸟活动频繁区域（5km 以上）。

（2）路径选择无法避让候鸟迁徙通道时，应尽可能与其相垂直，避免线路处于鸟类迁徙通道中或与鸟类迁徙通道相平行。

（3）线路密集通道防鸟装置的选用前，应对线路开展多回同跳风险评估，必要时对防鸟装置进行差异化选择安装。

（4）当线路处于候鸟迁徙通道、本地留鸟活动频繁区域尤其是鸟害多发区时，应确定防鸟措施种类、数量。

2. 实施阶段

（1）招标要求。

1）前期准备。

在招标前期，对所需防鸟装置做出相应的技术规范书，技术规范书至少包括防鸟装置的技术特性参数、组件材料配置、使用环境条件，保证防鸟装置能在相应运行环境下正常运行。

2）样品比对。

样品比对应运用检验测试和验证等手段对比样品与技术规范书的一致性，比对一致后封存样品。

（2）物资验收。

1）物资到货验收。

物资到货后，物资部门组织相关单位共同进行验收。凭合同、技术规范书、样品、装箱单进行开箱检查，验收合格后办理相应的入库手续。

2）物资到货验收标准。

外包装标记应明确标明（但不限于）供货方名称、收货单位、项目名称、型号、数量及到达目的地，标记应清楚、正确。

交货物资应包装完好，未发生破损现象。若发现有残损现象则应立即拍照或录像，及时向供货商反馈。

检查包装清单，包括图纸资料、试验报告和安装说明书、铭牌（厂名、制造日期、编号等）和合格证等。

对到货物资与样品的工艺、规格型号、技术标准资料等进行对比验收，不一致的，拒绝验收。

不需样品比对的防鸟装置应从防鸟装置的规格、型号对照技术规范逐项验收，必要时进行抽样检验。对同一批次到货物资核对规格、型号和数量，按照规范和设计要求，严格执行现场物资验收，以抽检的方式进行随机抽样检查，非整件（箱）或不满足 10 个计量单位的物资应逐一检查，整件（箱）数量在 10～20 个计量单位的至少抽样检查 3 个计量单位，整件数量在 20 个计量单位以上的每增加 20 个计量单位至少增加抽样检查 2 个计量单位。

验收中发现问题等待处理的物资，应单独存放，妥善保管严禁使用，防止混杂、丢失、损坏。凡发货数量与供货单数量不一致时，由采购部门向供货商退货或补发。凡质量不符合规定时，应及时向供货商办理退货、换货交涉。对于换货物资应增加抽样检查比例的 50%。

3. 工程验收

工程验收主要包括施工阶段验收和施工后验收两个部分，具体工程验收流程见图 4-14。

（1）施工阶段验收。

1）防鸟装置安装前，应进行外观检查，不应有缺损。其配件应齐全、完好。

2）防鸟装置安装数量、位置应在满足可研设计阶段的相应要求的同时，满足各电压等级防护范围要求，防护范围内导线、金具等也应防护到位。

3）防鸟装置安装后，应保持稳定，不应破损、变形、松动、脱落。

（2）施工后验收。

1）检查安装是否牢固。

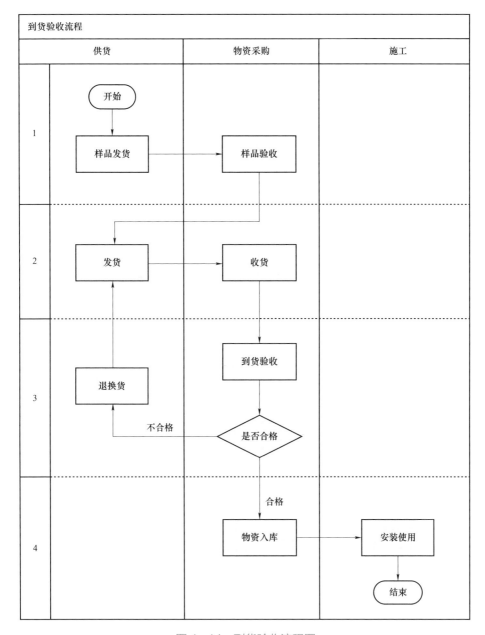

图 4-14 到货验收流程图

2）检查螺栓及防松措施是否紧固。

3）检查安装位置是否正确。

4）检查安装数量是否达到要求。

5）检查外观是否有残损或变形。

6）检查防护范围是否满足要求。

4. 运行阶段

（1）装置管理。

运维单位应对各类防鸟装置登记管理，以便随时掌握各生产厂家及生产批次的防鸟装置的运行状态，对防鸟装置的生产厂家及时做出相应的评价，主要包括防鸟装置的类型、生产厂家、生产日期、安装区段及安装时间（见附录 B）。

此外，运维单位根据同一线路防鸟装置的安装情况全面统计，形成防鸟装置运维情况一览表（见附录 C）。应及时更新防鸟装置运维情况一览表，保证维护数据的准确性、及时性和完整性，为所采取的防鸟措施效果的判定提供基础依据。

（2）资料管理。

防鸟工作资料主要包括鸟类迁徙通道图、涉鸟故障风险分布图、鸟种习性信息记录、输电线路易发区段统计表、杆塔信息、线路设计图纸、防鸟装置评价表、防鸟防鸟装置运维情况一览表、防涉鸟故障巡视记录表、日常巡视记录、防鸟装置检查表、故障报告、防鸟工作总结等。为提高防鸟工作管理水平，建立科学规范的资料管理机制，保证资料完整、统一，提高防鸟工作资料的利用效率，在开展防鸟工作的同时全面推行资料管理，运维人员在日常应用时应遵守下列要求。

1）录入要及时、准确、清晰，便于查看。

2）要专人录入，数据、信息、记录内容要填写清楚、真实、准确、齐全与实际相符。

3）防鸟工作资料应妥善保管，做到齐全整洁，并设专人管理，定点存放。

4）现场记录类资料必须纸版与电子版两种形式保存。

5）涉鸟故障风险分布图、鸟类迁徙通道图等技术支撑类资料应按周期定期更新。

6）对数据进行审核，定期检查录入内容，确保数据的准确性、及时性和完整性。

7）盒签必须统一打印，名称清楚、完整。

8）按职责分工对资料相关事项实行月提醒、季度检查、半年点评、年终总结。

9）在开展防鸟工作总结的同时对了防鸟工作资料应用情况进行反馈，提出有助于现场实际应用的建议。

第五章　隐患排查及治理

第一节 巡视及隐患排查

运维单位应主动加强与林业部门及各地区鸟类保护协会等相关机构的沟通。在涉鸟故障多发季节到来前与本地区环保部门联络员取得联系，随时了解线路周边区域鸟种、数量、生活习性、迁徙时间等信息，结合以往涉鸟故障规律确定当年输电线路涉鸟故障防护重点区段、时段，组织运维人员定期开展防涉鸟故障状态巡视及隐患排查工作，并填写防涉鸟故障巡视记录表（表 5-1）。根据隐患排查结果及本地区新增涉鸟故障，动态更新防鸟巡视重点区段。每年 12 月，将本单位当年所记录的输电线路防涉鸟故障巡视记录表汇总上报地市级专业管理部门。

表 5-1　　　　　　　　　　防涉鸟故障巡视记录表

1. 杆塔及周边环境信息			
运行单位		记录人	
记录时间（如 20xx-xx-xx）		发现地点（具体到县）	
电压等级（kV）		线路名称	
杆塔号（如 12 号）		海拔高度（m）	
杆塔经度		杆塔纬度	
当地环境（如丘陵、农田、山地、湿地、林区等）		周边水系（如线路 5km 内有××水库等）	
2. 鸟类信息			
鸟类名称		鸟类活动位置位置（如地线支架，边导线横担、中导线横担，杆塔附近）	
数量		鸟类身长（m）	
3. 鸟巢信息（若巡视发现鸟巢则填此项）			
筑巢鸟类名称		鸟巢所处杆塔位置（如地线支架，边导线横担、中导线横担）	

鸟巢材料（稻草、藤、短树枝、长树枝、塑料薄膜等）		鸟巢直径（cm）	

4. 鸟类或鸟巢照片

（可附多张，尽可能包括反映鸟巢或鸟类在杆塔上位置的远景照片及其近距离照片）

5. 周边生态环境照片

6. 其他补充说明

1. 日常巡视

我国大部分涉鸟故障为鸟粪类故障，在涉鸟故障多发期，运维单位对线路涉鸟故障易发区段每月应至少巡视 1 次，重点检查防鸟装置、杆塔本体鸟巢及鸟粪污秽情况，具备条件的可利用可视化装置开展巡视；通道信息员每半月应至少巡视 1 次，重点核查线路周边鸟种、鸟类活动范围、线路周边环境等。对于鸟群集中活动区域，可利用无人机挂载驱鸟设备在鸟类驻巢、繁育期间进行反复干预及驱离工作。运维人员应根据鸟类活动规律开展季节性巡视、区域性巡视、时间性巡视、设备性巡视、重复性巡视，最后运维人员根据巡视结果完善运维档案。

季节性巡视：对涉鸟故障 1～12 月均有发生地区，应全年进行本地留鸟巡视工作，做好所有鸟类观测数据收集工作。对涉鸟故障发生时间较集中地区，应落实涉鸟故障巡视计划，增加巡视频率并做好驱鸟工作。

区域性巡视：巡视人员应根据本地区留鸟习性摸清输电线路附近 5 公里内水库、鱼塘、河流、垃圾站、粮囤位置，确定本地区留鸟涉鸟故障巡视重点区段；根据候鸟迁徙路径图及运维经验确定候鸟涉鸟故障巡视重点区段。在鸟类活动区域发生变化时，及时更新本地区输电线路涉鸟故障易发区段统计表，积极开展防涉鸟故障巡视。

时间性巡视：根据涉鸟故障发生时段统计，傍晚至清晨涉鸟故障率为 91.5%。在涉鸟故障发生较集中月，应组织巡视人员利用夜视镜等设备对涉鸟故障多发地段不定期开展夜间巡视。

设备性巡视：对本地区鸟害发生电压等级进行统计分析，根据本地区设备特点制定设备巡视方案。对于有紧凑型线路的地区，涉鸟故障巡视工作重点应为 500kV 紧凑型线路杆塔。

重复性巡视：鸟类有沿用旧巢的习性，会多年在同一地点繁殖。杆塔上鸟巢被拆除后，鸟类会在同一位置反复筑巢。巡视人员亦应按巡视周期对鸟巢拆除后的杆塔进行巡视。

2. 涉鸟故障巡视

故障发生后，运维单位根据气候条件（涉鸟故障多发生在 3～4 月、8～9 月天气晴朗的傍晚到清晨期间）、环境（荒山荒原、水系发达地区）、重合闸动作情况（故障重合闸重合成功）、相别、故障录波、故障行波和是否为鸟类分布区域（或曾发生涉鸟故障杆塔周边）等信息初判可能疑似为涉鸟故障，开展故障巡视（流程详见图 5-1）。涉鸟故障巡视应以地面巡视与登杆塔检查相结合的方式进行，因特殊因素导致巡视人员难以到达巡视地点或无法保障登杆塔检查人员安全的情况下，可采用无人机巡视。

故障巡视重点应包括：巡视检查故障线路区段的天气情况、现场地形及植被变化等基本信息，组织巡视人员对线路周边区域居民进行现场调查，缩小排查范围，检查杆塔本体、绝缘子、导线、金具放电痕迹等。在故障现场重点检查线路及周边是否存在鸟类活动痕迹，对受损设备采取应急抢修措施等。

发现故障点后，需要收集故障杆塔整体照片（需标注 A、B、C 相别）、绝缘子串整体照片、故障设备在杆塔上位置说明照片、放电痕迹的局部清晰照片、故障杆塔大小号侧通道照片、天气信息照片、现场地形情况照片等。照片像素应大于 1024×768，并有简单文字说明。

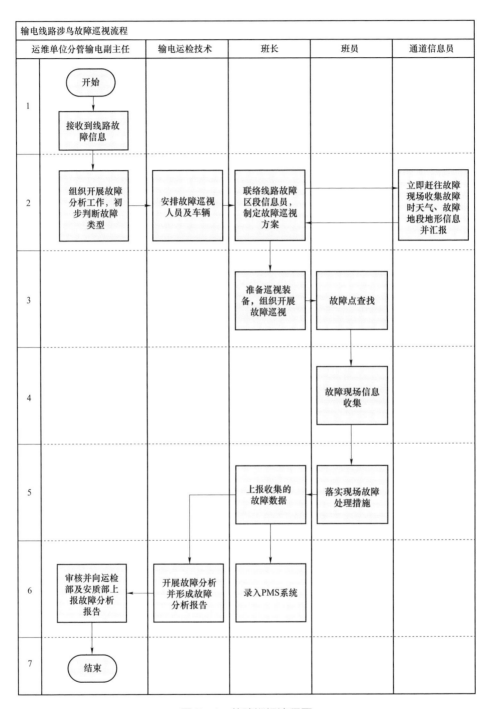

图 5-1　故障巡视流程图

3. 隐患排查

鸟类活动观测：观察所辖线路周边鸟类活动范围、种类、数量、筑巢情况，特别要注意监视新增鸟种的习性及活动范围变化趋势，并做好记录。

防鸟装置检查：按照防鸟装置配置原则及防鸟装置档案，在涉鸟故障多发季节到来前，对照标准安装图，检查已安装防鸟装置安装是否规范，是否出现破损、固定不牢或失效等情况，重点排查防鸟刺、防鸟罩、防鸟挡板，并填写防鸟装置检查表 5－2。

表 5－2　　　　　　　　　　××单位防鸟装置检查表

序号	线路名称	电压等级	杆塔编号	装置 1		装置 2		防鸟装置损坏情况	导线排列方式
				装置类型	安装位置	装置类型	安装位置		
示例	××线	220kV	2 号	防鸟盒	两边相导线	防鸟刺	三相	未发现损坏	三角
……	……								

典型防鸟装置包括防鸟刺、防鸟罩、防鸟挡板，其典型失效及标准安装图例见图 5－2。

防鸟刺安装不规范图例

防鸟刺标准安装图例

图 5－2　防鸟装置安装及失效图例（一）

防鸟罩损坏图例

防鸟罩标准安装图例

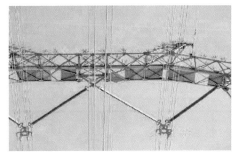
防鸟挡板损坏图例

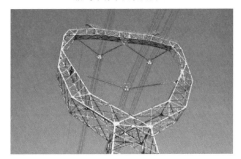
防鸟挡板标准安装图例

图 5-2　防鸟装置安装及失效图例（二）

　　检查杆塔本体鸟巢：检查杆塔上鸟类筑巢情况并记录鸟巢材料及鸟巢位置。对于绝缘子、导线上方鸟巢及鸟巢上导电材料短接绝缘子片数超过《安规》规定的鸟巢类隐患应及时汇报。

　　检查鸟粪污染：检查杆塔本体、绝缘子、金具及基础周边是否存在鸟粪痕迹，重点检查绝缘子串鸟粪污秽程度，结合巡视结果，对线路状态评价结果进行修正。当绝缘子鸟粪污秽积累严重，在毛毛雨、雾、露等气象条件下绝缘子表面存在局部放电情况，按照线路重要程度评价结果为异常或严重状态，应申请停电处理并立即采取相应防鸟措施。

　　鸟啄复合绝缘子：检查复合绝缘子伞裙和护套是否存在鸟类啄痕迹并填写记录。运行中线路绝缘子场强分布会对鸟类产生影响，鸟啄绝缘子大多发生在未投运线路或停电检修线路上。因此在线路停电检修期间应加强鸟啄绝缘子类故障巡视，必要时进行驱鸟。

备注：以上①～④工作应首先开展绝缘配置较低线路的防鸟巡视及隐患排查工作。

第二节　隐患治理

线路运维单位应对照涉鸟故障风险分布图，按风险等级及线路重要性，开展线路状态评价工作，对状态评价为异常及以上、风险等级较高的线路编制隐患处置方案，并及时处置。

1. 防鸟装置失效隐患

（1）防鸟装置缺失。对照涉鸟故障风险分布图以及所属的涉鸟故障风险等级，结合防鸟装置配置原则，对缺失防鸟装置的杆塔，按照风险等级的高低和线路的重要性，逐步加装到位。对鸟类活动较频繁的区域，采取因地制宜的原则，单一或多种防鸟装置相结合的方式进行综合治理。

（2）防鸟装置损坏。处于平原或丘陵，风速高、风沙大的线路，部分防鸟装置（如：防鸟挡板、防鸟罩）使用时会有一定的损坏。对破损或固定不牢固的防鸟装置进行更换或加固。对不影响设备安全运行的列为一般缺陷，结合设备计划停电检修或带电作业进行处理。对已危及线路安全运行，随时可能导致线路发生故障的应视为危急缺陷，采取设备停电检修或带电作业立即处理。

（3）防鸟装置防护范围不足。当防鸟装置防不能满足护范围要求时，应按防鸟装置配置原则对防鸟装置进行调整、加装。

（4）防鸟装置安装工艺不规范。当出现防鸟刺扇面角度打开不足、防鸟罩对接面间隙过大等问题时，应按照防鸟装置物资验收及工程验收各项防鸟装置相关技术参数进行调整。

（5）防鸟装置针对性不强。线路由于所处区域的气候、环境不同，引起涉鸟故障的鸟类也不同，为达到有效防鸟，应有针对性配置合理的防鸟装置类型并及时更换，必要时可采取增加防鸟刺（扩大防护范围）或多种防鸟装置相结合的方式进行综合治理。

2. 鸟巢隐患

对于危及线路安全运行的鸟巢，应将鸟巢拆除或移至离绝缘子较远的安全区内。拆除及移动鸟巢前应检查鸟巢内是否有蛇虫，防止对人身造成伤害；对鸟巢内的鸟蛋应予以保护；清理的鸟巢材料应采用专用袋携带下塔。

3. 鸟粪污染绝缘子隐患

鸟粪污染严重的绝缘子应及时清扫或更换，根据积污情况（整串绝缘子积污达到30%），在清扫或更换绝缘子之后，采取加装防鸟刺、防鸟挡板等装置进行综合治理。

4. 鸟啄复合绝缘子隐患

复合绝缘子出现鸟类啄损情况时，应根据复合绝缘子的损坏程度确定是否需要更换，若护套损坏应立即更换。发现鸟啄严重区段，应将复合绝缘子更换为玻璃或瓷质绝缘子。

第六章 故障处置分析及工作总结

<h1 style="text-align:center">第一节　故障处置</h1>

运维单位根据故障巡视结果对故障原因进行分析研判，根据现场情况向上级汇报并提出对涉鸟故障隐患的处置方案。

1. 涉鸟故障信息报送流程及要求

（1）涉鸟故障发生后规定时间内，线路运维单位应将有关情况逐级上报相关部门。

（2）发生涉鸟故障后，运维单位必须安排专人在每天早晨 07:30 前，报送事件发生后的故障查找、事件处理进度等后续工作完成情况。

（3）故障点找到后，在 2 天内编制并上报故障分析报告。

（4）当涉鸟故障造成用户停电时，线路运维单位应及时汇报停电影响范围、负荷损失情况、重要用户恢复供电情况等。

2. 故障处置

（1）检查绝缘子闪络烧伤情况，对未发生或瓷质绝缘子轻微的瓷釉烧伤，应进行绝缘子零值测试；若瓷质绝缘子的瓷釉烧伤、复合绝缘子伞裙烧伤或金具烧伤严重（烧伤面积大，可能影响其性能的），应及时进行更换。

（2）对于鸟巢类故障，应清理引发故障的鸟巢，针对故障类型采取综合性防鸟措施。

（3）对于鸟粪类故障，应对已遭受鸟粪污染的绝缘子实施清扫或更换，修复或加装防鸟刺、防鸟挡板等防鸟装置。

（4）对于因过电压造成防鸟装置空气间隙击穿的情况，应进一步校核防鸟装置的电气距离，采取其他防鸟措施。

3. 故障信息记录

发生涉鸟故障后，应做好涉鸟故障信息的收集整理和分析工作，为涉鸟故障风险分布图的绘制及防鸟总结分析提供相关资料。涉鸟故障信息记录应主要包含故障概述、故障区段基本信息、故障时天气、故障巡视及处理、故障原因排查、故障原因分析、已采取的防鸟措施及效果和故障分析结论等内容，并且留取现场照片，现场照片应不少于以下信息：

（1）故障天气照片、故障杆塔周围地形环境照片。

（2）故障杆塔整体照片、并标明故障相位置。

（3）引起故障的鸟巢或鸟粪等照片。

（4）故障绝缘子串整体图、故障点的局部照片。

第二节 故 障 分 析

架空输电线路发生涉鸟故障后，运维人员应分析故障区段内鸟类活动情况、线路是否所处河流附近、故障发生时间、故障区段周边线路历史跳闸情况、防鸟装置配置情况等多方面因素初步分析判定故障类型及原因。

当完成涉鸟故障处置后，运维单位应组织人员开展故障分析工作，收集地形地貌、故障点、放电通道防鸟装置配置情况及杆塔周边鸟类影像资料，检查防鸟装置是否满足配置原则要求，该地区是否为鸟类迁徙区、故障季节时间及天气、杆塔类型和导线排列及电压等级、该地区是否出现新迁徙或非常见的大型鸟类，是否需要补充或完善防鸟装置配置情况，如已满足防鸟装置配置原则要求，可考虑扩大防护范围或采取综合防鸟措施，并将分析内容编写入运维单位年度防鸟工作总结中。

第三节　防鸟工作总结

运维单位应对本年度防鸟工作开展情况进行全面总结，首先统计好本年度所发生的涉鸟故障，其次对本年度开展的防鸟工作成效进行总结分析，最后通过涉鸟故障案例分析结果和本年度防鸟成效制定下一年防鸟工作计划。省级专业管理部门组织电科院汇总、整理各单位报送的年度防鸟工作总结，编写省级年度防鸟工作总结，由省级专业管理部门审核，最终形成省级年度防鸟工作总结，并对现有防鸟装置进行科技攻关、更新换代，不断提高防鸟设施的有效性、可靠性。

防鸟工作总结应包含以下内容。

1. 总结本地区涉鸟故障总体情况

（1）区域性鸟类活动分析。

总结本地区所辖线路所处地理位置、气候环境，通过全年鸟类活动观测掌握地区鸟类活动趋势、鸟种及导致线路故障鸟类型，并提供现场拍摄或观察到的比较清晰的鸟类和典型的鸟巢、鸟粪污染绝缘子等照片。

（2）涉鸟故障统计分析。

从故障类型、引发故障鸟种、故障发生月、发生时间、杆塔类型、导线排列方式及相序等方面对本地区涉鸟故障进行统计分析，总结故障规律。

（3）典型故障分析。

总结本地区典型涉鸟故障案例，并参照本手册第六章"典型案例"格式进行故障分析。

2. 工作开展情况

（1）防鸟观测工作情况。

各单位根据全年防鸟观测工作总结本地区鸟类活动区域、鸟种分布、生活习性、迁徙通道，提供防鸟观测人员配置、装备配置、巡视周期等数据。

（2）涉鸟故障隐患排查情况。

对全年涉鸟故障隐患排查次数、排查人次、发现大群鸟类或大型鸟类次数、发现隐患数做详细统计。

（3）涉鸟故障治理工作情况。

涉鸟故障治理是防鸟工作的重点，运维单位应对本年度防鸟刺、防鸟针板、防鸟罩等防鸟装置的安装数量做详细统计。此外，更换脏污绝缘子、修复防鸟装置、拆除鸟窝的消除隐患的方式应做详细说明。

（4）防鸟装置运行情况。

说明线路杆塔及装置运行年份，对本地区防鸟装置使用情况进行全面排查，并总结各类装置防鸟效果，提供典型的防鸟装置失效照片，如防鸟装置破损、封堵漏洞等。

（5）科研及新型防鸟装置应用情况。

运维单位应积极开展防鸟相关科研项目、QC 成果、群众创新以及新型防鸟装置等成果的应用。新型装置应用说明应用线路、数量，并提供现场照片。

3. 特色工作

从线路设计、联合防鸟机制建立、先进防鸟手段、防鸟相关的新成果应用等方面总结本单位防鸟亮点工作。

4. 存在的问题

总结本单位全年防鸟工作中存在的问题，并对问题原因进行分析。

5. 下年度重点工作

从鸟类活动观测及隐患排查计划、防鸟巡视人员培训、巡视装备需求、防鸟项目安排等方面进行下年度防鸟工作部署。

第七章 紧凑型线路
涉鸟故障防治技术

紧凑型铁塔属于 500kV 输电线路中的特殊塔型，其经济性较为突出，但运行稳定性不高，紧凑型线路中占比最多的故障类型是涉鸟故障，主要故障原因为鸟粪闪络。本章收集了全国紧凑型线路近三年的涉鸟故障情况，深入分析了近三年涉鸟故障的原因、涉故障鸟类活动规律和三大鸟类迁徙通道与输电线路的相关性，最后根据鸟类习性和紧凑型铁塔结构特点提出不同型式防鸟装置适用范围，明确不同情况下采取单一防鸟和综合防鸟措施，以遏制紧凑型鸟害高发势头，保证输电线路安全稳定运行。

第一节　紧凑型线路涉鸟故障特点及原因剖析

　　紧凑型线路涉鸟故障在季节性、时间性、区域性、重复性等方面与 220kV 输电线路涉鸟故障规律一致。

　　据统计，紧凑型线路涉鸟故障直线塔发生涉鸟故障概率高达 96% 以上。发生于直线塔的故障中，90% 以上放电通道为 V 串导线侧金具或导线至导线挂点正上方或斜上方横担，还有小部分放电通道为 V 串导线侧金具至侧方塔窗斜材。发生于耐张塔的故障中，放电通道主要为引流跳线串导线侧金具至正上方横担。

　　对紧凑型线路来说，涉鸟故障重合闸成功率高、故障环境一般为平原、山丘等地形，但故障位置却集中在边导线，见图 7-1 和图 7-2，这与 220kV 输电线路有明显的不同，主要原因为紧凑型线路塔型的特点，表现以下三个方面。

图 7-1　单回路紧凑型直线杆塔典型放电通道

图 7-2　单回路紧凑型直线杆塔稀有放电通道

1. 导线 "V" 串悬挂，倒三角排列

　　紧凑型线路导线均为倒三角排列方式，绝缘子悬挂型式为 V 型，且两侧边导线绝缘子共用一个中挂点，研究表明，V 型绝复合缘子串比 I 型复合绝缘子更容易发生空间闪络，V 型绝瓷质缘子串比 V 型绝复合缘子串更

容易发生沿面闪络。此外，"V"串型式绝缘子导线附近更容易积累鸟粪，长期积累容易导致绝缘子污闪。

2. 相间距离小

导线相间距离由导线的排列方式决定，紧凑型线路相间距离在 6.8～7.2m 之间。以某紧凑型线路为例，相间距离为 7m，导线至横担的距离仅为 4.3m 左右，线路抵御恶劣自然环境能力有所不足，如防鸟、防舞等方面。

3. 地线支架在边导线导线正上方

地线支架常位于杆塔横担的最外侧，紧凑型线路由于塔型的特殊性，以及导线的排列方式导致地线支架处于边导线导线的正上方。

地线支架位于导线上方使得防鸟工作更不容易开展，主要是因为地线支架上安装防鸟装置后仍无法完全防护部分体型较小鸟类污染绝缘子，还有部分鸟类依托地线支架搭建鸟窝，增加了鸟巢类故障的风险。

第二节　紧凑型线路防鸟措施

紧凑型线路因其独特的结构，导致其较同电压等级的常规塔型线路防鸟更加困难，除对线路涉鸟故障频发区段杆塔增设防鸟装置、扩大防护范围外，加强新型防鸟装置的研究（如声光型驱鸟器、超声波驱鸟器等），增加新的防鸟手段，对线路安全运行越来越重要。

从线路本体配置上来说，首先紧凑型线路应以复合绝缘子为配置主，提高线路抗鸟粪沿面闪络的能力，其次，在地线支架上装设防鸟装置，保证鸟类无法在地线支架上停留。目前 500kV 紧凑型线路防鸟技术措施主要是利用一些技术手段减少输电线路涉鸟故障，如利用防鸟刺、防鸟挡板、防鸟刺与防鸟挡板组合的方式防鸟。

1. 防鸟刺

防鸟刺是紧凑型线路应用最广泛的防鸟装置，造价低，耐腐蚀性强，安装方便，防鸟效果较好，但是依然存在不足，如无法有效防止体型较小鸟类在杆塔上活动，以某 500kV 紧凑型线路为例。

该线全长 152.686km，杆塔共 351 基，于 2009 年 12 月投运，其中 121～246 号处于鸟粪类故障Ⅱ级风险区域，其余区段处于鸟粪类故障Ⅲ级风险区域，线路地形见表 7-1。

表 7-1　　　　　　　　线 路 地 形 地 貌 统 计

杆塔号	地形地貌	杆塔数量
001～116	平原、草原、河流	116
116～132	高山、森林	16
132～157	平原、草原	25
157～162	丘陵、草原	5
162～168	平原、草原	6
168～248	高山、森林	80
248～275	丘陵、草原	27
275～287	高山、草原	12
287～351	平原、草原	64
总计		351

防鸟刺安装情况见图 7-3。

图7-3　线路防鸟刺安装情况

全线输电杆塔均安装有防鸟刺，其中：直线塔共 315 基，耐张塔共 43 基，001-020、040-065、122-351 防鸟刺每基 30 支，共 8220 支。021-039、066-121 防鸟刺每基 75 支，共 5700 支。

根据相关的标准规范及最新的防鸟刺安装作业指导书，该线路杆塔所安装防鸟刺的位置、数量、打开角度均满足要求。某年位于鸟粪类故障Ⅲ级风险区域内的#255 塔（紧凑型塔，型号：DZ21-35）发生鸟粪类故障。本次故障属于鸟粪导致导线与横担空气间隙不足放电，放电通道见图7-4。

图7-4　放电通道

说明单独使用防鸟刺的防鸟措施仍然存在漏洞，无法有效防止体型较小鸟类在杆塔上活动，需进一步改进防鸟措施。

2. 防鸟挡板

防鸟挡板是固定在输电线路绝缘子串上方的水平或小角度倾斜的挡板，用于防止鸟粪在挡板范围内落下污染绝缘子串。防鸟挡板一般采用复合材料板、环氧树脂板、不锈钢板、PC板。复合材料板、环氧树脂板均为环保型材料，重量轻、安装方便。现场没有单独使用防鸟挡板的情况，主要原因是防鸟挡板在气候环境恶劣的地区容易损坏，通常采用防鸟刺和防鸟挡板组合的方式防鸟。

3. 防鸟刺和防鸟挡板组合

采用防鸟刺和防鸟挡板组合既能有效填补防鸟刺的短板，又能弥补单独采用防鸟挡板的劣势，线路杆塔采用防鸟刺和防鸟挡板的组合，能极大地减少线路鸟害故障，目前某500kV紧凑型线路部分区段采用防鸟挡板和防鸟次组合方式，见图7-5。

图7-5　500kV阿科2线防鸟挡板和防鸟次组合安装示图

自 2016 年 7 月该线路采用防鸟挡板和防鸟刺的形式防鸟以来,线路没有发生过鸟害，这种防护形式不论体型较大鸟种还是体型较小鸟种，均能起到防护作用，效果显著。缺点是防鸟挡板对输电线路长期所处的野外运行环境适应性有待提高,目前发生过防鸟挡板损坏、丢失现象,见图 7-6。需要对防鸟挡板适应恶劣环境方面进一步改进。

图 7-6　导线上方防鸟挡板损坏 3 块,丢失 1 块

4. 新型防鸟装置

输电线路防鸟是一项复杂的工作,除对鸟类的生活习性要全面掌握外,还应对不同鸟类对输电线路的影响全面掌握,随着输电线路防鸟越来越受重视,目前,除以上几种防鸟措施外,从驱鸟的角度,还有新型防鸟装置在推广应用,对于紧凑型输电线路值得尝试。

(1) 超声波驱鸟器。

超声波驱鸟器是一种超低功耗的超声波发生系统,该系统采用不断变化的超声波频率，和不同的工作机制，使鸟类无法适应，从而保证了驱鸟的效果。

（2）激光驱鸟装置。

激光驱鸟器是一种可以发生可见光的发光系统，该系统视觉上震慑鸟类使其远离杆塔，达到驱鸟作用。

第八章　典型案例

本章以不同电压等级涉鸟故障率较高的杆塔类型，以典型案例的方式介绍其故障特点，见图8-1～图8-21。

典型故障1

基本情况：某年3月24日06时，某220kV线路酒杯塔A相（中导线）发生鸟粪闪络故障跳闸，故障杆塔位于平原地区，重合闸成功，故障电流为2268A，放电通道为绝缘子挂点上方横担－悬垂线夹。放电原因为鸟粪桥接A相挂点处导线线夹与上方横担间的空气间隙，造成空气绝缘强度降低、空气击穿，发生单相接地短路。

整改措施：故障前杆塔三相横担共安装24支防鸟刺，防鸟刺安装不规范，防鸟刺间有空白点，故障后拆除横担处鸟巢，调整杆塔原有防鸟刺，在空白点补装新防鸟刺。

图8-1 某220kV线路A相绝缘子上方横担塔材放电烧伤痕迹

图 8-2 某 220kV 线路 A 相导线线夹放电烧伤痕迹

图 8-3 某 220kV 线路 A 相放电通道

 典型故障 2

基本情况：某年 6 月 13 日 23 时，某 220kV 线路猫头塔 B 相（中导线）发生鸟粪闪络故障跳闸，故障杆塔位于平原地区，重合闸成功，故障电流为 3886A，放电通道为绝缘子挂点上方横担-悬垂线夹。放电原因为鸟粪沿绝缘子串周围下落，桥接空气间隙，造成单相接地短路。

整改措施：故障前杆塔共安装 2 套防鸟风车和 6 支老式直刺式防鸟刺，防护范围不满足现有运行要求，故障后在原有防鸟措施基础上，加装防鸟刺以保证足够的防护范围。

图 8－4　某 220kV 线路 B 相绝缘子上方横担防鸟针底座放电痕迹

图 8－5　某 220kV 线路 B 相导线线夹放电烧伤痕迹

图 8-6　某 220kV 线路 B 相放电通道

 典型故障 3

基本情况：某年 3 月 31 日 07 时，某 220kV 线路干字型耐张塔 B 相（中导线）发生鸟粪闪络故障跳闸，故障杆塔位于平原农田附近，重合闸成功，故障电流为 7731A，放电通道为绝缘子挂点上方横担–悬垂线夹。放电原因为鸟粪下落造成横担与引流线间空气间隙击穿，形成横担与引流线间的放电通道，引发单相接地短路。

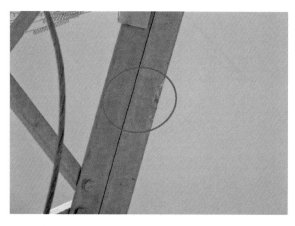

图 8-7　某 220kV 线路 B 相绝缘子上方横担塔材放电烧伤痕迹

整改措施：故障前杆塔共安装 6 支防鸟刺，防鸟刺安装不足，故障后在原有防鸟措施基础上，加装防鸟刺以保证足够的防护范围。

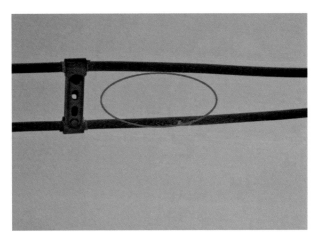

图 8-8　某 220kV 线路 B 相引流线放电烧伤痕迹

图 8-9　某 220kV 线路 B 相放电通道

典型故障 4

基本情况：某年 3 月 20 日 02 时，某 220 千伏线路干字型耐张塔 B 相（边导线）发生鸟粪闪络故障跳闸，故障杆塔位于平原农田附近，重合闸成功，故障电流为 1455A，放电通道为绝缘子挂点上方横担–悬垂线夹。放电原因为鸟粪沿绝缘子串周围下落，造成导线与杆塔横担间空气间隙不足，击穿引发单相接地短路。

整改措施：故障前横担共安装 5 支防鸟刺，防鸟刺安装不足，防护范围不满足现有运行要求，故障后在原有防鸟措施基础上，加装防鸟刺以保证足够的防护范围。

图 8–10　某 220kV 线路 B 相绝缘子上方横担塔材放电烧伤痕迹

图 8–11　某 220kV 线路 B 相第一片绝缘子烧伤痕迹

图 8-12 某 220kV 线路 B 相放电通道

 典型故障 5

基本情况： 某年 8 月 31 日 22 时，某 220kV 双回路线路鼓型直线塔 A 相（中导线）发生鸟粪闪络故障跳闸，故障杆塔位于平原地区，重合闸成功，故障电流为 1607A，放电通道为绝缘子挂点上方横担-均压环。放电原因为鸟粪下落，在 A 相横担和导线侧挂点间形成细长的线状通道，鸟粪使得此段间隙的电场强度发生严重畸变，导致间隙距离不足而发生击穿放电。

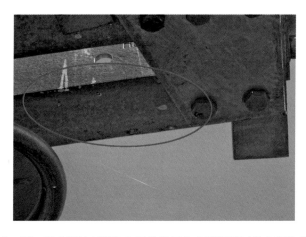

图 8-13 某 220kV 线路 A 相绝缘子上方横担塔材放电烧伤痕迹

整改措施：故障前杆塔每相导线挂点上方各安装 4 支防鸟刺，杆塔共安装 24 支（鼓型双回塔），安装数量不足，故障后拆除横担处鸟巢，并加装新防鸟刺。

图 8−14 某 220kV 线路 A 相下均压环放电烧伤痕迹

图 8−15 某 220kV 线路 A 相放电通道

典型故障 6

基本情况：某年 8 月 13 日 23 时，某 500kV 紧凑型塔 A 相（边导线）发生鸟粪闪络故障跳闸，故障杆塔位于平原地区，重合闸成功，故障电流为 8483A，放电通道为绝缘子挂点上方横担-均压环。放电原因为鸟粪下落，在 A 相横担和导线侧挂点间形成细长的线状通道，鸟粪使得此段间隙的电场强度发生严重畸变，导致间隙距离不足而发生击穿放电。

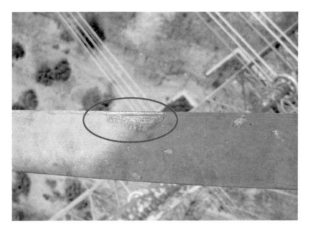

图 8-16　某 500kV 线路 A 相导线上方斜材放电痕迹

图 8-17　某 500kV 线路 A 相左侧绝缘子导线侧均压环上的放电痕迹

图 8-18　某 500kV 线路 A 相放电通道

整改措施： 故障前杆塔共安装防鸟刺 118 支，防鸟刺安装不规范，防鸟刺间有空白点，故障后调整杆塔原有防鸟刺，并在空白点补装新防鸟刺。

 典型故障 7

基本情况： 某年 9 月 1 日 21 时 01 分、22 时 44 分、9 月 2 日 00 时 18 分、02 时 06 分、03 时 44 分，某 500kV 紧凑线路耐张塔 C 相引流线中串连续发生 5 次凝露闪络故障跳闸，且每次跳闸重闸均重合成功，绝缘子性能良好，白天温度 30℃，夜间温度 8℃，湿度 80%，放电通道为 C 相引流中串引流间隔棒握手-上横担。放电原因为鸟粪污染绝缘子严重，昼夜温差大，夜间湿度高，致使复合绝缘子表面形成夹杂残余鸟粪和灰尘的露水，造成线路跳闸（第一次跳闸），绝缘子闪络后，凝露蒸发，绝缘恢复，直至绝缘子表面凝露再次形成，如此反复共计发生 5 次。

整改措施： 故障原因为鸟粪污染绝缘子导致绝缘子在凝露状态下发生闪络，故障发生后对鸟粪污染严重的绝缘子开展清理工作，确保绝缘子表面洁净。

图 8-19 C 相引流中串引流间隔棒握手及导线放电痕迹

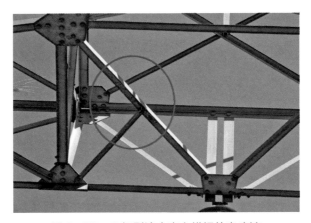

图 8-20 C 相引流中串上横担放电痕迹

图 8-21 杆塔 C 相引流中串放电通道

附录 A 鸟粪闪络防护距离近似计算

影响输电线路涉鸟故障的因素较多，其中自然环境（风速、风向）以及鸟类生活习性（排便量、食物）的影响较大，通用规程防护范围是在实验室条件下通过大量试验而确定的，不能完全满足线路实际运行需求，以 220kV 输电线路为例（其他电压等级可参照计算），在通用规范的基础上，结合鸟类起飞时风速，对防护范围进行修正，具体修正过程如下（本过程仅做参考）：

图 A–1 为 220kV 输电线路绝缘配置示意图，所采用的绝缘子为 U120BP/146D，均压环为普通均压环，直径为 250mm，横担至均压环距离为 2.19m（不同绝缘子距离不同）。

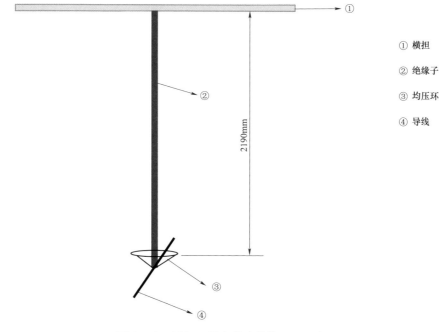

① 横担
② 绝缘子
③ 均压环
④ 导线

2190mm

图 A–1 220kV 输电线路绝缘配置示意图

假设鸟粪是连续状态，以 0.55m 为鸟粪闪络临界点（220kV 工频电压最小间隙），通过对鸟类生活习性以及鸟粪闪络故障时现场风速的研究，发现鸟类排便一般在起飞时，并且鸟类起飞时最大风速不超过 6m/s，按照最大风速考虑，结合试验数据，在 6m/s 的风速下，连续鸟粪的偏离角度为15.3°，见图 A－2，根据角度公式可以算出风速在 6m/s 时，鸟粪从横担下落至闪络临界点的偏移距离是 0.255m，故将 220kV 线路鸟粪闪络保护距离调整为 0.93m。

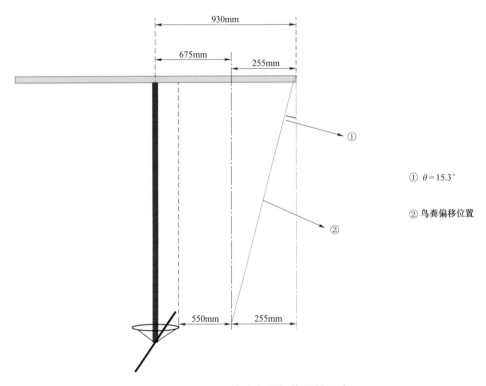

图 A－2　220kV 线路鸟粪闪络保护距离

附录 B ××单位防鸟装置评价表

表 B-1   ××单位防鸟装置评价表

序号	线路名称	电压等级	装置类型	生产厂家	生产日期	安装区段	安装时间	防鸟装置运行状态	备注

附录 C ××单位防鸟装置运维情况一览表

表 C-1 ××单位防鸟装置运维情况一览表

序号	线路名称	电压等级	安装杆塔号	防鸟装置类型1	安装情况介绍	补装情况介绍	防鸟装置类型2	安装情况介绍	补装情况介绍	防鸟装置类型3	安装情况介绍	补装情况介绍	运行环境及鸟类活动情况	鸟类故障情况（是/否）	故障发生时间、相别及杆塔型号	故障处理措施	采取措施后故障（是/否）	备注
示例	××线	220千伏	××号塔	防鸟刺	2019年04月15日安装弹簧鼓型防鸟刺其中相各××支、中相各××支、边相各××支、边相××支、安装工艺符合要求	2021年05月17日结合防鸟刺布防图加装防鸟刺现数量为:中相各××支、边相各××支、边相××支、安装工艺符合要求	防鸟罩	2021年05月17日A|B|C三相各加装防鸟罩第1片安装工艺符合要求	无	—	—	—	杆塔位于××级鸟害区,有喜鹊、乌鸦等小型鸟类活动	是	2021年05月15日02时07分故障相别为B相杆塔型号为ZM3-23.7	故障发生后以故障杆塔为中心前后5公里杆塔加装防鸟刺、重新布防鸟刺位置、扩大防护范围并采用防鸟罩与防鸟刺的综合措施	否	填写各类防鸟装置厂家及生产的生产日期例:2019年04月15日安装防鸟刺××年××月××日由×××生产;2021年05月17日安装防鸟刺××年××月×××日由×××生产

102

参 考 文 献

[1] 国家电网公司运维检修部. 国家电网有限公司十八项电网重大反事故措施（修订版）及编制说明. 北京：中国电力出版社，2018.

[2] 国家电网公司运维检修部. 输电线路"六防"工作手册. 防涉鸟故障. 北京：中国电力出版社，2015.

[3] 祝永坤，董瑞杰，孙秉智. 草原，林区输电线路涉鸟故障原因分析及防范措施. 内蒙古：内蒙古电力技术，2008.

[4] 刘晓龙，马相峰. 高压输电线路上筑巢的涉鸟故障. 野生动物，2002.

[5] 宋德隆，雒元平. 高压输电线路鸟粪闪络故障特征及防止对策. 高电压技术，2006.

[6] 卢明，庞锴. 架空输电线路涉鸟故障防治关键技术及应用. 科技成果. 2018

[7] 胡毅. 输电线路运行故障的分析与防治. 高电压技术. 2007

[8] 易辉，熊幼京. 架空输电线路鸟害故障分析及对策. 电网技术. 2008

[9] 王少华，叶自强. 架空输电线路鸟害故障及其防治技术措施. 高电压技术. 2011